FRAU UND WISSENSCHAFT

Frau und Wissenschaft

Referate und ausgewählte Beiträge

Herausgegeben von der Forschungsgruppe
des Wissenschaftlichen Beirates
„Die Frau in der sozialistischen Gesellschaft“
bei der DAdW zu Berlin
durch Prof. Dr. Anita Grandke

AKADEMIE-VERLAG BERLIN
1968

Protokoll der Arbeitstagung des Wissenschaftlichen Beirates „Die Frau in der sozialistischen Gesellschaft“ bei der DAdW zu Berlin, März 1967, zum Thema:

Die gesellschaftliche Stellung der Frau in der DDR und die Aufgaben der Wissenschaft

Redaktion: A. Grandke, G. Nacke, A. Dotschew
Lektor: A. Boeck

Erschienen im Akademie-Verlag GmbH, 108 Berlin, Leipziger Straße 3–4

Lizenznummer: 202 · 100/184/68
Offsetdruck: VEB Druckerei „Thomas Müntzer“, 582 Bad Langensalza
Bestellnummer: 5686 · ES 5 C 2
5,–

INHALTSVERZEICHNIS

VORWORT

Am 21. und 22. März 1967 fand die erste Arbeitstagung des Wissenschaftlichen Beirats "Die Frau in der sozialistischen Gesellschaft" bei der Deutschen Akademie der Wissenschaften zu Berlin statt. Etwa 200 Wissenschaftler der verschiedensten Disziplinen und Vertreter zentraler staatlicher Organe, zu deren Aufgabe die Planung und Leitung der wissenschaftlichen Arbeit gehört, sowie Vertreter gesellschaftlicher Organisationen berieten über die gesellschaftliche Stellung der Frau in der DDR und die Aufgaben der Wissenschaft. Die Arbeitstagung diente der Beratung über die bestmögliche Verwirklichung des Ministerratsbeschlusses vom 20. Oktober 1966 "über die weitere Durchführung der Forschung zu Problemen der Entwicklung und Förderung der Frauen und Mädchen in der DDR"[1].

Die Tagung war als ein Beitrag der Wissenschaftler zur Vorbereitung des VII. Parteitages der SED durchgeführt worden. Der Parteitag hat ihre Bedeutung sowohl durch außerordentliches Hervorheben der Rolle der Wissenschaft als auch durch seine vielfältigen Hinweise zur Rolle der Frau in unserer Gesellschaft unterstrichen.

In der DDR haben wir bei der realen Verwirklichung der Gleichberechtigung der Frau bereits einen sehr hohen Entwicklungsstand erreicht. Die entscheidenden Grundrechte der Bürger - so das Recht auf Arbeit, auf gleichen Lohn für gleiche Arbeit, das Recht auf Bildung, auf Mitbestimmung u. a. - werden von der Masse der Frauen wahrgenommen. Doch die volle Verwirklichung der Gleichberechtigung der Frau vollzieht sich in einem langandauernden und komplizierten Prozeß, der in jeder neuen Phase der Entwicklung unserer Gesellschaft neue Aufgaben und Probleme beinhaltet. In der Periode der Schaffung des entwickelten gesellschaftlichen Systems des Sozialismus kommt es darauf an, maximale Voraussetzungen für die volle Entfaltung aller Fähigkeiten und Talente der Frauen zu schaffen und dafür zu sorgen, daß sie auch entsprechend ihren Fähigkeiten tätig sein können.

Daraus ergibt sich für die sozialistische Gesellschaft keine spezielle, von den sonstigen Anliegen isolierte Aufgabenstellung. Die Entwicklung der Frauen und der weitere Ausbau ihrer Entwicklungsmöglichkeiten sind vielmehr untrennbar mit der Erfüllung der gegenwärtigen Aufgaben und der Perspektive in allen Betrieben, Industriezweigen, Genossenschaften, Kooperationsgemeinschaften, im Bildungswesen, im Dienstleistungssektor und dem gesellschaftlichen Leben in den Wohngebieten verbunden. Es ist heute unbestritten, daß die Gestaltung und Leitung dieser Bereiche mit wissenschaftlichen Mitteln erfolgen muß und wissenschaftliche Arbeit zur Voraussetzung hat. Sollen auch für die weitere Festigung der gesellschaftlichen Stellung der Frau die dem Wesen der sozialistischen Gesellschaft entsprechenden Möglichkeiten ausgeschöpft werden, so müssen die betreffenden Probleme in die wissenschaftlichen Arbeiten einbezogen werden, die der Gestaltung grundsätzlicher gesellschaftlicher Prozesse als Grundlage dienen. Mit dieser Problematik beschäftigte sich die Arbeitstagung, deren Protokoll hiermit der Öffentlichkeit übergeben wird.

Wie aus dem Thema der Tagung ersichtlich ist, war ihr Ziel nicht die ausführliche Beratung bereits gewonnener wissenschaftlicher Arbeitsergebnisse zu dieser oder jener Einzelfrage bezüglich der gesellschaftlichen Stellung der Frau. Die Tagung hatte im wesentlichen wissenschaftstheoretischen Inhalt und wissenschaftspolitische Aufgaben, die sich aus den bisherigen Erfahrungen in der Tätigkeit des Wissenschaftlichen Beirats "Die Frau in der sozialistischen Gesellschaft" ergeben hatten. Deshalb sollte eine Verständigung über die Hauptprobleme bei der weiteren Festigung der gesellschaftlichen Stellung der Frau oder - mit anderen Worten - über den Hauptinhalt der Forderung nach Gleichberechtigung der Frau in der Periode der Schaffung des entwickelten gesellschaftlichen Systems des

Sozialismus in der DDR erreicht werden. Davon ausgehend kam es darauf an, die Aufgaben der Wissenschaft, die notwendigen Schwerpunkte für die künftige Arbeit und den Platz zu bestimmen, den die wissenschaftlichen Untersuchungen zur Rolle der Frau im Sozialismus in der wissenschaftlichen Arbeit überhaupt einnehmen müssen. Außerdem war beabsichtigt, eine Einschätzung des bisherigen Einflusses der Wissenschaft auf den Prozeß der Verwirklichung der Gleichberechtigung der Frau vorzunehmen und schließlich Erfahrungen über die bestmöglichen Methoden der Planung, Leitung und Durchführung der wissenschaftlichen Arbeit auszutauschen. Die Grundlage für die Beratung bildete das Referat des Präsidenten der Deutschen Akademie der Wissenschaften zu Berlin und Vorsitzenden des Wissenschaftlichen Beirats "Die Frau in der sozialistischen Gesellschaft", Prof. Dr. Werner Hartke. In der Diskussion wurden die genannten Probleme auf vielfältige Weise behandelt. Viele Wissenschaftsdisziplinen kamen zu Wort, und sehr unterschiedliche Leitungsebenen und Ansatzpunkte waren für die Diskussionsbeiträge bestimmend. Die Diskussionsbeiträge lassen sich in zwei große Gruppen einteilen. Einmal wurden wissenschaftliche Aufgabenstellungen dargestellt und Fragen der Planung und Leitung der wissenschaftlichen Arbeit behandelt. Das geschah vor allem durch Vertreter zentraler staatlicher Organe (z. B. der Staatlichen Plankommission und der Ministerien) und durch Vertreter zentraler wissenschaftlicher Gremien (z. B. des Rates für soziologische Forschung). Zum anderen wurden die Aufgaben der Wissenschaft bei der weiteren Festigung der gesellschaftlichen Stellung der Frau in der DDR und ihre großen Möglichkeiten, diesen Prozeß aktiv zu unterstützen, durch die Wiedergabe bereits gewonnener Einzelergebnisse - aus dem Bereich der Soziologie, der Medizin, der Psychologie u. a. - dargestellt. Mit der Veröffentlichung des Protokolls übergeben wir dem Leser das Ergebnis der Arbeitstagung in seiner Vielfalt, wenngleich es aus Platzgründen nicht möglich war, alle Beiträge aufzunehmen. Um Wiederholungen zu vermeiden, war es auch erforderlich, die Beiträge zu kürzen. Die Tagung hatte ein sehr umfangreiches Programm, viele Meinungen, Standpunkte und Vorschläge wurden vorgetragen, ohne daß eine Diskussion und eine Auseinandersetzung dazu im einzelnen möglich war. Beides ist der künftigen wissenschaftlichen Arbeit vorbehalten geblieben.

Die Tagung gab viele Anregungen inhaltlicher und wissenschaftsorganisatorischer Art. Sie bestätigte die kritische Einschätzung, die im Referat zum bisherigen Einfluß der Wissenschaft auf den Prozeß der Verwirklichung der Gleichberechtigung vorgenommen wurde, ebenso wie die Vorschläge des Referats zur inhaltlichen und organisatorischen Gestaltung der künftigen Arbeit.

Auf der Arbeitstagung wurde eine Reihe von Problemen beraten, die von allgemeinem Interesse für die wissenschaftliche Arbeit insgesamt sind. Mit der Diskussion der Probleme, die heute und künftig auf die weitere Festigung der gesellschaftlichen Stellung der Frau entscheidenden Einfluß haben, wurde die Notwendigkeit wissenschaftlicher Untersuchungen zur Rolle und Entwicklung des Menschen in unserer Gesellschaft nachgewiesen. Damit wurde zugleich anschaulich gemacht, daß für unsere sozialistische Gesellschaft, in der die gesamte Entwicklung mit den Menschen und für die Menschen vollzogen wird, die Einheit von naturwissenschaftlich-technischer und gesellschaftswissenschaftlicher Forschung und die Entwicklung der sozialistischen Gemeinschaftsarbeit innerhalb und zwischen den Wissenschaftsdisziplinen von ständig wachsender und entscheidender Bedeutung ist.

Die Untersuchungen zur Rolle und Entwicklung des Menschen müssen jedoch in Zukunft differenzierter vorgenommen und insbesondere die unterschiedlichen Entwicklungsbedingungen, die für Männer und Frauen gegeben sind, stärker beachtet werden. Das wird der Verwertbarkeit der Forschungsergebnisse in der Praxis sehr dienlich sein.

Wenn wir heute eine derartige Differenzierung in der wissenschaftlichen Arbeit fordern, dann geschieht das auf einer festen, durch das Wesen unserer sozialistischen Gesellschaft und ihres bereits erreichten hohen Entwicklungsstandes gegebenen Grundlage. Wir gehen von der uneingeschränkten Anerkennung der Gleichberechtigung der Frau aus, die in der Praxis des Lebens schon weitgehend verwirklicht ist. Grundtenor aller Untersuchungen ist die völlige Anerkennung des Rechts der Frau auf die maximale Entfaltung ihrer Fähigkeiten und Talente, der vollen Entfaltung ihrer Persönlichkeit in der beruflichen Arbeit, der gesellschaftlichen Aktivität und im Familienleben.

Auf dieser Grundlage zielen differenzierte Untersuchungen darauf ab, noch vorhandene nachteilige Auswirkungen der früheren gesellschaftlichen Stellung der Frau vor allem im Bereich der Qualifizierung und Funktionsausübung schneller und planmäßiger überwinden zu helfen, die Vereinbarkeit von Beruf, beruflicher und gesellschaftlicher Entwicklung mit den Aufgaben der Frau im natürlichen Reproduktionsprozeß maximal zu unterstützen und wissenschaftliche Grundlagen für die richtige gesellschaftliche Beachtung der besonderen Eigenschaften der Frau zu schaffen, um damit noch mehr als bisher das Zusammenwirken von Mann und Frau zu einer Bereicherung der gesellschaftlichen Kräfte zu führen.

Die Arbeitstagung hat die Auseinandersetzung über die Aufgaben und die Verantwortung der Wissenschaftler bei der weiteren Festigung der gesellschaftlichen Stellung der Frau in der DDR sehr gefördert. Inzwischen hat im Rahmen der Planverteidigung durch die zentralen staatlichen Organe für das Jahr 1968 eine erste Beratung über die Planung der wissenschaftlichen Arbeit bezüglich der gesellschaftlichen Stellung der Frau in der Staatlichen Plankommission stattgefunden. Einige der vom Beirat "Die Frau in der sozialistischen Gesellschaft" beschlossenen Komplexthemen wurden in die Forschungspläne zentraler staatlicher Organe aufgenommen. Die starke Kritik, die auf der Arbeitstagung an der philosophischen und der kulturwissenschaftlichen Forschung geübt wurde, hat jedoch bislang noch zu keinen wesentlichen Veränderungen geführt. Wegen der außerordentlichen Bedeutung der Forschungsarbeit auf diesen Gebieten für die Entwicklung des sozialistischen Bewußtseins möchten wir den Wissenschaftlern dieser Bereiche die Ergebnisse der Arbeitstagung und ihre Auswertung ganz besonders nahelegen. Auf der Arbeitstagung wurden Fragen der planmäßigeren und systematischeren wissenschaftlichen Arbeit beraten. Dabei ist wichtig zu betonen, daß die Probleme der weiteren Festigung der gesellschaftlichen Stellung der Frau nicht in erster Linie als eine gesonderte wissenschaftliche Problematik, sondern vor allem als ein Aspekt bei der Erforschung wichtiger gesellschaftlicher Prozesse verstanden wurden.

Die ausführliche Beratung einzelner Probleme bezüglich der Stellung der Frau in der sozialistischen Gesellschaft und der dazu gewonnenen wissenschaftlichen Arbeitsergebnisse wird Aufgabe künftiger Arbeitstagungen des Wissenschaftlichen Beirats der DAW sein.

Berlin, den 15. August 1967

Anita Grandke

ANMERKUNG

1 Vgl.: Gesetzblatt der Deutschen Demokratischen Republik, Teil II, Nr. 121 v. 7. 11. 1966, S. 777/778.

HAUPTREFERAT

WERNER HARTKE (Berlin)

Die gesellschaftliche Stellung der Frau und die Aufgaben der Wissenschaft

Die heutige Zusammenkunft ist eine Beratung völlig neuer Art. Zum erstenmal treffen sich verantwortliche Mitarbeiter einer großen Zahl von zentralen staatlichen Organen und gesellschaftlichen Organisationen mit Wissenschaftlern der verschiedensten Wissenschaftsdisziplinen, um über die gesellschaftliche Stellung der Frau in der DDR zu beraten. Zum erstenmal findet heute eine Aussprache über die Verantwortung und die Aufgaben der Wissenschaft in der DDR im Prozeß der weiteren Festigung der gesellschaftlichen Stellung der Frau statt. Allein die Durchführung dieser Tagung ist Ausdruck der hohen und geachteten gesellschaftlichen Stellung der Frau in der DDR und Beweis für die außerordentliche Aufmerksamkeit, die unser sozialistischer Staat den herangereiften Problemen ihrer weiteren Entwicklung beimißt. Die Tagung zeigt auch, daß der Gedanke des Kommuniqués des Politbüros des ZK der SED "Die Frau, der Frieden und der Sozialismus"[1], wonach die weitere Festigung der gesellschaftlichen Stellung der Frau eine Sache der ganzen Gesellschaft ist, auch in die wissenschaftliche Arbeit Eingang gefunden hat. Inwieweit das der Fall ist und mit welchem Nutzen für die gesellschaftliche Praxis - das ist allerdings eine Frage, die gründlicher Aussprachen bedarf und worauf ich im Referat näher eingehen werde. Unsere Tagung steht im Zeichen der Vorbereitung des VII. Parteitages der SED. Er wird über die Aufgaben beraten, die in der Periode der Vollendung des Sieges des Sozialismus zu lösen sein werden. In dieser Periode wird die Rolle der Wissenschaft, werden ihre Aufgaben bei der Weiterentwicklung und Durchsetzung des neuen ökonomischen Systems der Planung und Leitung und des Gesamtsystems der sozialistischen Gesellschaft weiter wachsen. Unsere Tagung dient - in einem wichtigen Teilbereich - der Vorbereitung der Wissenschaftler der DDR auf die Verwirklichung dieser Aufgaben und damit der Erhöhung der Effektivität der wissenschaftlichen Arbeit.

I. Der Sozialismus befreite die Frauen

Die Frau war und ist in allen Ausbeuterordnungen doppelt unterdrückt, erniedrigt und ausgebeutet. Sie war und ist es als Angehörige der ausgebeuteten Klasse und außerdem zusätzlich aufgrund ihres Geschlechts. Ungleiche Rechtsstellung, ungleiche Bezahlung ihrer Arbeit, Abhängigkeit vom Mann, besonderer Ausschluß von der Gestaltung öffentlicher Angelegenheiten, Ausschluß oder Reduzierung ihrer Bildungsmöglichkeiten, Nichtachtung ihrer Persönlichkeit, insbesondere Begrenzung ihres Interessenkreises auf die Ehe und die Familie - das waren und sind entscheidende Charakteristika ihrer gesellschaftlichen Stellung. Noch heute kann man die Worte Lenins mit vollem Recht aussprechen, wonach nicht ein einziges kapitalistisches Land konsequent die bürgerlich-demokratische Forderung nach Beseitigung auch nur der rechtlichen Ungleichheit der Frau auf allen Gebieten verwirklicht hat.[2] Bei allen Unterschieden, die zwischen den verschiedenen kapitalistischen Ländern heute existieren, ist doch eines offensichtlich: In allen ist die gesellschaftliche Zweitrangigkeit der Frau und sind die zusätzlichen Schranken für die Entwicklung ihrer Fähigkeiten und für die Entfaltung ihrer Persönlichkeit bestehen geblieben, ja bewußt erhalten worden. Die Erscheinungsformen haben sich geändert, Probleme wurden vielfach gemildert, und die Argumente haben sich angepaßt, sie konzentrieren sich auf Meinungen zum besonderen Wesen und den besonderen Aufgaben der Frau. Für Westdeutschland ist - von der Regierung natürlich ungewollt - mit der Vorlage eines äußerst umfangreichen Berichts zur

Situation der Frau in Beruf, Familie und Gesellschaft erst kürzlich der Beweis für die Nichtverwirklichung der Gleichberechtigung der Frau angetreten worden. Mit der Großen Sozialistischen Oktoberrevolution, deren 50. Jahrestag wir in diesem Jahr feiern, vollzog sich die entscheidende historische Wende in der Entwicklung der Menschheit. Mit der Oktoberrevolution wurde zugleich das Fundament für die Befreiung der Frau von doppelter Ausbeutung und Unterdrückung geschaffen. Die Sowjetunion trat als erstes sozialistisches Land den Beweis dafür an, daß das Wesen der sozialistischen Revolution in der Beseitigung jeglicher Form der Ausbeutung und Unterdrückung des Menschen durch den Menschen besteht. Mit dem Sieg der sozialistischen Revolution und dem Aufbau des Sozialismus und Kommunismus wurden in der Sowjetunion die Lehren der Klassiker des Marxismus-Leninismus voll bestätigt, wonach die Befreiung der Frau nur im Sozialismus möglich ist und der erfolgreiche Kampf um den Aufbau der neuen Gesellschaftsordnung die aktive Teilnahme der Masse der Frauen unbedingt erfordert. Die sozialistische Gesellschaft ermöglicht und bedingt aufgrund ihres Wesens die volle Entfaltung der Persönlichkeit von Mann und Frau. Beide sind gleichberechtigte und gleichgeachtete Mitglieder der sozialistischen Menschengemeinschaft und Mitgestalter der gesellschaftlichen Entwicklung. Die revolutionäre Umgestaltung des gesellschaftlichen Lebens auf dem Gebiet der heutigen DDR vollzog sich nach 1945 unter Führung der geeinten Arbeiterklasse und ihrer Partei im Bündnis mit den werktätigen Bauern, der Intelligenz und allen übrigen werktätigen Schichten des Volkes. Sie war von den Grundsätzen des Marxismus-Leninismus getragen, so daß die Befreiung der Frau und ihre gleichberechtigte Mitwirkung auf allen Gebieten des gesellschaftlichen Lebens von Anfang an den Neuaufbau mitbestimmten.

II. Zur Lage der Frau in der DDR

Bereits in der Periode der antifaschistisch-demokratischen Revolution wurde die staatliche Macht von den ersten Tagen des Wiederaufbaus an für die Befreiung der Frau eingesetzt. Ländergesetze und SMAD-Befehl[3] beseitigten schon 1946 und 1947 die Rechtsungleichheit der Frau in entscheidenden Fragen. Vor allem wurde bereits in dieser Zeit der Grundsatz "Gleicher Lohn für gleiche Arbeit" zum Gesetz erhoben. Die neuen Gesetze waren von grundsätzlicher Bedeutung für die Befreiung der Frau und eine unabdingbare Voraussetzung für ihre Entwicklung, insbesondere für ihre Einbeziehung in den politischen Kampf um den Neuaufbau.

Mit der Verfassung der DDR aus dem Jahre 1949 erhielt die Frau ohne Einschränkung und mit sofortiger Wirkung die gleiche grundrechtliche Stellung wie der Mann.[4] Die rechtlichen Grundlagen der Gleichberechtigung wurden konsequent geschaffen. Die Frau erhielt das Recht auf Mitwirkung an der Gestaltung des gesamten politisch-staatlichen, wirtschaftlichen und kulturellen Lebens, sie erhielt das Recht auf Arbeit, und zwar auf einen Arbeitsplatz, auf gleichen Lohn für gleiche Arbeit und auf Mitwirkung an der Leitung der Betriebe, und sie erhielt das Recht auf Bildung, d. h. auf Zugang zu allen Bildungseinrichtungen und zu allen Berufen.[5] Besonders charakteristisch war für unsere Entwicklung, daß nicht nur die Rechtsgleichheit hergestellt wurde, sondern umgehend durch besondere gesetzliche Bestimmungen Voraussetzungen dafür geschaffen wurden. Von Anfang an galten die Anstrengungen der Gesellschaft der bewußten Überwindung der Auswirkungen der besonders benachteiligten Stellung der Frau im Kapitalismus durch vielfältige Förderungsmaßnahmen und dem besonderen Schutz der Frau als Mutter. Diesem Anliegen entsprachen u. a. das "Gesetz über den Mutter- und Kinderschutz und die Rechte der Frau"[6] aus dem Jahre 1950, spezielle Bestimmungen des Gesetzbuches der Arbeit, das Familiengesetzbuch, der Beschluß über die Aufgaben der Staatsorgane in Durchführung des Kommuniqués des Politbüros der SED vom 29. Dezember 1961 "Die Frau, der Frieden und der Sozialismus" und auch der "Beschluß über die weitere Durchführung der Forschung zu Problemen der Entwicklung und Förderung der Frauen und Mädchen in der DDR"[7], über dessen bestmögliche Verwirklichung zu beraten Hauptanliegen der heutigen Tagung ist. Mit den genannten Grundrechten und gesetzlichen Bestimmungen, die ihrer Realisierung dienen, sind entsprechend dem Entwicklungsstand alle rechtlichen Voraussetzungen für eine gleichberechtigte Stellung der Frau in allen Bereichen des gesellschaftlichen Lebens gegeben. Doch damit ist, wie Lenin einmal sagte, nur der Boden geebnet, das Haus jedoch noch nicht erbaut. Die Verwirklichung der Gleichberechtigung der Frau in der Praxis des Lebens ist ein lang andauernder und komplizierter Prozeß, der ständige ideologische Auseinandersetzung und viele praktische Maßnahmen erfordert. Im Ergebnis der zielstrebigen Bemühungen unserer Partei und unseres Staates und des intensiven Ringens der Frauen selbst und ihrer Entwicklung haben wir in historisch kurzer Zeit bereits einen sehr hohen Stand in der Entwicklung der gesellschaftlichen Stellung der Frau erreicht. Millionen Frauen haben von den neuen Rechten und Entwicklungsmöglichkeiten Gebrauch gemacht. In vielen wichtigen Bereichen nehmen sie einen Platz ein, der etwa dem zahlenmäßigen Anteil der Frauen an der Bevölkerung bzw. an der jeweiligen Bevölkerungsgruppe entspricht. Rund 47 % aller in der Volkswirtschaft Beschäftigten sind Frauen.[8] Zusammen mit dem steigenden Lebensstandard der Bevölkerung der DDR steigt die Zahl der beruflich tätigen Frauen in allen Einkommensgruppen und auch in allen Familiengrößen kontinuierlich an. Doch die Frauen begnügen sich nicht damit, einfach arbeiten zu gehen. An dem großen und breiten Qualifizierungsgeschehen, das für unsere Republik charakteristisch ist, sind sie in ständig steigendem Maße beteiligt. Schon im Jahre 1964 waren 45 % derjenigen, die im Rahmen der Erwachsenenqualifizierung erfolgreich die Facharbeiterprüfung ablegten, Frauen. Jungen und Mädchen erhalten an den polytechnischen Oberschulen die gleiche Schulbildung. Auch in den 12. Klassen der erweiterten Oberschulen sind die Mädchen bereits mit 48 % vertreten. In die Beseitigung des Bildungsprivilegs und die Eröffnung umfassender Bildungsmöglichkeiten für alle Kinder und Jugendlichen war die Überwindung aller besonderen Hemmnisse, die der Schulbildung der Mädchen im Kapitalismus entgegenstanden und stehen, einbezogen.

Doch die Mädchen lernen nicht nur auf der Schule gleichberechtigt mit den Jungen. Sie nehmen auch in gleichem Maße wie diese eine Berufsausbildung auf. Für die Mädchen in unserer sozialistischen Gesellschaft ist es typisch, daß sie in gleicher Weise wie die Jungen einen Beruf erlernen. Groß ist auch der Anteil der Frauen und Mädchen, die eine Hoch- oder Fachschulausbildung erworben haben bzw. gegenwärtig an diesen Einrichtungen studieren. Sehr augenfällig ist die große Veränderung, die sich in der gesellschaftlichen Stellung der Bäuerin vollzogen hat. Auf der Grundlage der sozialistischen Produktionsverhältnisse sind die Bäuerinnen selbstbewußte und aktive Mitgestalter der genossenschaftlichen Entwicklung geworden. Die Frauen und Mädchen nehmen aktiv am gesellschaftlichen Leben und an der Leitung unseres Staates teil. Allein die Tatsache, daß ihr Anteil an den Volksvertretungen zwischen 20 und 30 % liegt[9] und 31,4 % aller Richter und 42,3 % aller Schöffen Frauen[10] sind, macht das ganz offensichtlich. Der Aufbau einer demokratischen, wirklich im Namen des Volkes tätigen Justiz und die Arbeit echter Volksvertretungen ermöglichten und erforderten die Einbeziehung der Frauen in diese verantwortungsvollen Tätigkeiten. Von besonderer Bedeutung für die weitere Herausbildung der gesellschaftlichen Stellung der Frau war und ist ihre ständig wachsende Teilnahme am gesellschaftlichen Produktionsprozeß. Die Frauen in der DDR haben durch ihre Leistungen, die Ergebnisse ihrer Arbeit und durch die damit verbundene Entwicklung ihrer Persönlichkeit Tatsachen geschaffen, die ihre neue gesellschaftliche Stellung begründet und gefestigt haben. Mit ihren Leistungen haben die Frauen auch den entscheidenden Beitrag zur ideologischen Auseinandersetzung geleistet, die im Interesse der Herausbildung einer neuen gesellschaftlichen Meinung zur Rolle der Frau im Sozialismus erforderlich war und ist. Tief verwurzelte, von den kapitalistischen Ideologen auf vielfältige Weise immer wieder genährte Anschauungen von den geringeren Fähigkeiten der Frau, von ihrem besonderen Wesen, das sie in ihren Interessen und Neigungen ausschließlich oder weitgehend nur auf die Familie lenke, von der Unfähigkeit der Frau, politische Probleme zu erkennen, von der untergeordneten Bedeutung ihrer Berufsarbeit im Vergleich zu der des Mannes und viele andere Vorstellungen mußten überwunden werden. Vor allem die Männer, aber auch viele Frauen, mußten von Grund auf umdenken und nicht nur das Alte überwinden, sondern durch ihr Verhalten völlig neue Beziehungen aufbauen, die von gegenseitiger Achtung, Zusammenarbeit und kameradschaftlicher gegenseitiger Hilfe zwischen Mann und Frau im gesellschaftlichen Leben und in der Familie bestimmt sind. Wir können heute sagen, daß sich in der DDR eine neue, sozialistische gesellschaftliche Meinung zur Rolle der Frau herausgebildet hat. Damit soll jedoch nicht gesagt werden, daß der Prozeß der ideologischen Auseinandersetzung auf diesem Gebiet bereits abgeschlossen ist. Auch in Zukunft verdient er unsere ganze Aufmerksamkeit, und zwar nicht zuletzt von seiten der Wissenschaftler. In der DDR wurde in der Praxis des Lebens erneut bewiesen, daß die Befreiung der Frau Bestandteil der sozialistischen Revolution und des sozialistischen Aufbaus ist. Die Notwendigkeit und die Möglichkeit der Einbeziehung der Frau in die Gestaltung des gesamten gesellschaftlichen Lebens im Sozialismus wurden bestätigt. Ohne die aktive Mitwirkung der Frauen wären unsere Erfolge im sozialistischen Aufbau nicht vorstellbar. Die Entwicklung in der DDR hat schließlich bewiesen, wie groß die Fähigkeiten und Talente der Frauen sind und daß für sie im wahrsten Sinne des Wortes die eigentliche Entwicklung ihres Menschseins erst mit dem Sozialismus beginnt. Die bisherige Entwicklung in der DDR führte zu einer grundlegenden Veränderung der gesellschaftlichen Stellung der Frau. Deshalb konnte Walter Ulbricht in seiner Festrede zum 15. Jahrestag der DDR folgende Feststellung treffen: "Die Emanzipation der Frau, die Gleichberechtigung der Frauen und Mädchen, nicht nur auf geduldigem Papier, sondern auch im Leben, ist eine der größten Errungenschaften der Deutschen Demokratischen Republik."[11] Dabei ist das Entscheidende, daß die Befreiung der Frau aufgrund des sozialistischen Charakters der gesellschaftlichen Verhältnisse in der DDR Bestandteil der Befreiung des Menschen von jeglicher Ausbeutung und Unterdrückung ist. Es handelt sich nicht nur darum, daß die Frau nicht mehr noch stärker ausgebeutet und unterdrückt ist als der Mann, sondern Mann und Frau haben im gemeinsamen Kampf die Fesseln abgelegt, die das Privateigentum und die Interessen der herrschenden Klasse in den Ausbeuterordnungen der Entwicklung des Menschen aufgezwungen hatten. Für die Frauen ist das ein Prozeß der doppelten Befreiung.

III. Die Entwicklung der Stellung der Frau und die Durchführung der technischen Revolution

Das Ziel unserer gesamten Arbeit in der vor uns liegenden Periode der gesellschaftlichen Entwicklung ist die Vollendung des Sieges des Sozialismus in der DDR. Auf dem VII. Parteitag der SED werden die Aufgaben dieses Entwicklungsabschnittes im einzelnen beraten. Es wird eine Zeit harter und schöner Arbeit im Interesse der allseitigen ökonomischen, politischen und kulturellen Stärkung unseres Staates sein. Das ist unser Beitrag zur Sicherung des Friedens in Europa und zugleich der einzige Weg, das Glück jedes einzelnen Bürgers unseres Staates zu schützen. In der kommenden Periode werden wir die technische Revolution, d. h. die qualitative Umwälzung aller Elemente der gesellschaftlichen Produktivkräfte weiter durchführen und alle Anstrengungen auf die Erreichung des Welthöchststandes in der Praxis konzentieren. Die Hauptrichtung dabei ist die komplexe sozialistische Rationalisierung. Die künftige Etappe unseres Aufbaus ist von der ständig wachsenden Rolle der Wissenschaft bei der Weiterentwicklung und Verwirklichung des neuen ökonomischen Systems der Planung und Leitung und des Gesamtsystems der sozialistischen Gesellschaft charakterisiert. Alle Prozesse des gesellschaftlichen Lebens sind im Interesse ihrer prognostischen Planung und Leitung wissenschaftlich zu durchdringen. Das gilt in besonderem Maße für die Entwicklung der Menschen in unserer Gesellschaft. Die Erfüllung unserer großen Aufgaben geschieht für das Volk und mit dem Volk der DDR. Sie wird entscheidend davon bestimmt, inwieweit die Masse des Volkes seine Schöpferkraft, all seine Fähigkeiten, Talente und Erfahrungen weiter entwickelt und bewußt einsetzt. Unter diesem Aspekt ist es erforderlich, sich den neuen Aufgaben zuzuwenden, die auf der Grundlage des

Entwicklungsstandes der Gesellschaft und der Frauen selbst im Prozeß der weiteren Festigung der gesellschaftlichen Stellung der Frau entstanden sind, und die Probleme einer wissenschaftlichen Untersuchung zu unterziehen, deren Lösung heute herangereift und im Zusammenhang mit der technischen Revolution möglich ist. In der Praxis des gesellschaftlichen Lebens gibt es eine Reihe von Erscheinungen, die einerseits die volle Entfaltung der Fähigkeiten und Talente der Frauen oder ihre Anwendung im gemeinsamen gesellschaftlichen und persönlichen Interesse noch hemmen. Andererseits deuten diese Erscheinungen darauf hin, wie groß die gesellschaftlichen Reserven sind, die mit der Entfaltung der Fähigkeiten der Frauen noch weiter erschlossen werden können und müssen. So ist z. B. in der materiellen Produktion, in der Industrie wie auch in der Landwirtschaft, der Einsatz ungelernter und angelernter weiblicher Arbeitskräfte noch sehr verbreitet. Man kann sagen, daß diese Art von Tätigkeiten überwiegend von Frauen ausgeführt wird. Bereits damit hängt die Tatsache zusammen, daß die Rolle der Frau bei der Meisterung der modernen Technik noch unzureichend ist. Noch immer ist das Interesse der Mädchen für technische Aufgaben zu gering entwickelt, was sich in ihrer Berufswahl auswirkt. Diese Situation muß überwunden werden. Unabhängig von der Art des künftigen oder ausgeübten Berufes sind für die Frauen und Mädchen generell Interesse, Wissen und Fähigkeiten auf naturwissenschaftlich-technischem sowie auf ökonomischem Gebiet erforderlich. Das gilt sowohl für die Berufe im Bereich der materiellen Produktion als auch außerhalb dieses Bereiches. Trotz ständiger positiver Veränderungen müssen wir auch darauf hinweisen, daß der Anteil der Frauen an den Kadern, die mittlere oder leitende Funktionen ausüben, noch gering ist. Diese Tatsache ist in allen Bereichen der Volkswirtschaft, so auch in denen zu beobachten, wo die Frauenarbeit schon eine lange Tradition hat, was z. B. bei der Volksbildung der Fall ist. Dabei gibt es eine deutliche Diskrepanz zwischen der Zahl der Frauen, die eine Hoch- und Fachschulbildung besitzen, und der Zahl derer, die in mittleren und leitenden Funktionen eingesetzt werden. Diese Diskrepanz ist auch in allen Leitungsebenen anzutreffen. Die Teilnahme der Frau an der Verwirklichung der sozialistischen Demokratie, insbesondere die Wahrnehmung ihres Mitbestimmungsrechts, ist zwar einerseits im Vergleich zur früheren Stellung der Frau gut entwickelt, aber gemessen an den Aufgaben in der kommenden Periode und auch gemessen an den Fähigkeiten und der Bereitschaft der Frauen zur Mitwirkung reicht sie noch nicht aus. Gerade im Zusammenhang mit den komplizierten Fragen der komplexen sozialistischen Rationalisierung, der Ausarbeitung der Prognose und der Perspektivpläne wird die Mitwirkung der Frau zu wenig gesichert. Die Problematik, die für die volle Entfaltung der Fähigkeiten der Frauen und ihre Anwendung im gemeinsamen gesellschaftlichen und persönlichen Interesse heute noch vorhanden ist, macht auch die starke Verbreitung der Teilbeschäftigung von Frauen, insbesondere von verheirateten Frauen mit Kindern, deutlich, die in den vergangenen Jahren ständig zugenommen hat. Wir möchten darauf hinweisen, daß die Teilbeschäftigung zu einer Verringerung des gesellschaftlichen Arbeitsvermögens nicht nur in quantitativer, sondern insbesondere auch in qualitativer Hinsicht führt. Sie bedingt häufig, daß die Möglichkeiten der Qualifizierung, der Übernahme mittlerer und leitender Funktionen sowie der Wahrnehmung des Mitbestimmungsrechts in den Betrieben und Insitutionen nicht voll genutzt werden können. In den hier als Beispiel genannten Erscheinungen werden die besonderen Probleme deutlich, die die Entwicklung der Frau in der DDR im Vergleich zu der des Mannes beeinflussen. Sie haben zwei Hauptursachen. Einmal resultieren sie aus den Nachwirkungen, die die rechtlose und untergeordnete Stellung der Frau in den Ausbeuterordnungen zwangsläufig hervorgebracht hat. Zum anderen stehen sie in engem Zusammenhang mit den besonderen Aufgaben der Frau im natürlichen Reproduktionsprozeß des menschlichen Lebens. Über Jahrtausende war das gesamte gesellschaftliche und familiäre Leben praktisch so eingerichtet, daß die Versorgung der Kinder und die Arbeit im Einzelhaushalt die Hauptaufgabe der Frau darstellte. Zwar sind die Frauen im Kapitalismus massenhaft aus ökonomischen Gründen gezwungen, beruflich tätig zu sein, doch wird ihre Arbeit immer noch im Vergleich zu der des Mannes geringer bewertet. Die Nachwirkungen der Klassengesellschaft beziehen sich auch auf die materiellen Bedingungen der beruflichen Tätigkeit der Frauen. Typisch für die kapitalistische Gesellschaft ist z. B. das Vorhandensein ganzer Industriezweige, die sich auf die Arbeit un- oder angelernter Frauen, die dazu noch schlecht bezahlt wurden, gründeten. Es ist selbstverständlich, daß solche gesellschaftlichen Probleme nicht in wenigen Jahren durch die sozialistische Gesellschaft gelöst sein können. Die Nachwirkungen der alten Gesellschaft zeigen sich auch und gerade in den Anschauungen zur gesellschaftlichen Stellung der Frau. Ihre Überwindung ist eine entscheidende Voraussetzung für die vielfältigen Maßnahmen, die im Interesse maximaler Entwicklungsbedingungen für die Frauen erforderlich sind. Offenbar haben wir es hier mit einem besonders komplizierten Prozeß der Veränderung des Bewußtseins zu tun. Das wird deutlich, wenn man z. B. bedenkt, daß nach neueren Untersuchungen gegenwärtig trotz des sehr hohen Beschäftigungsgrades unter den Frauen noch 80 % aller Hausarbeiten von ihnen allein erledigt werden. Die Frau hat im natürlichen Reproduktionsprozeß des menschlichen Lebens eine besondere, große und zusätzliche Aufgabe. Die Vereinbarkeit der beruflichen und gesellschaftlichen Arbeit und Entwicklung der Frau mit ihren familiären Aufgaben ist eine Grundproblematik der realen Verwirklichung ihrer Gleichberechtigung. W. I. Lenin und Clara Zetkin haben auf die Bedeutung und die Kompliziertheit dieses Problems oft aufmerksam gemacht. Sie wiesen auch darauf hin, daß nur die sozialistische Gesellschaft in der Lage ist, dieses Problem zu lösen und solche gesellschaftlichen und familiären Bedingungen zu schaffen, die die Frau nicht mehr vor die Notwendigkeit stellen, sich für einen der beiden Bereiche unter völligem oder teilweisem Verzicht auf den anderen zu entscheiden. Die volle Entfaltung der sozialistischen Persönlichkeit der Frau - übrigens des Mannes und der Frau - ist nur möglich, wenn Beruf und berufliche Entwicklung, gesellschaftliche Tätigkeit und Familienleben als die wichtigsten Sphären des menschlichen Daseins miteinander vereinbart werden können. Die DDR hat durch die Schaffung eines breiten Netzes gesellschaftlicher Erziehungseinrichtungen und durch viele Maßnahmen zur Erleichterung der Arbeits- und Lebensbedingungen sowie durch eine umfassende Förderung der Frauen hervorragende und im internationalen Vergleich vorbildliche Voraussetzungen für die Vereinbarkeit der genannten Aufgabenbereiche durch die Frau geschaffen. Es darf jedoch nicht übersehen werden, daß die Problematik der Vereinbarkeit mit der gesellschaftlichen Entwicklung und der der Frauen selbst inhaltlichen Veränderungen unterliegt und neue, zum Teil kompliziertere Fragen entstehen. So wächst unter den berufstätigen Frauen kontinuierlich der Anteil der verheirateten Frauen mit Kindern; die berufliche Tätigkeit und Entwicklung in der Periode der technischen Revolution erfordert ständige Qualifizierung; die geistig-kulturellen Ansprüche der Menschen und gerade auch der Frauen wachsen; ihre Teilnahme an der Lenkung und Leitung der Betriebe, Institutionen und des Staates vergrößert sich schnell, und die Rolle der Familie bei der Erziehung der heranwachsenden Generation nimmt qualitativ zu. Die Vereinbarkeit dieser für die Gesellschaft und die einzelne Frau gleichermaßen wichtigen Tätigkeitsbereiche erfordert die ganze Aufmerksamkeit der sozialistischen Gesellschaft. Wir möchten hier unbedingt Mißverständnissen vorbeugen. Die Darstellung der Problematik der Vereinbarkeit von Beruf und familiären Aufgaben erfolgte nicht im Sinne einer Erklärung oder gar Entschuldigung für viele noch ungelöste Probleme. Wir wissen, daß in der Praxis sehr häufig so verfahren wird und die Kinder als eine Art Alibi für unzureichende Leitungstätigkeit in bezug auf die Entwicklung der Frauen ins Feld geführt werden. Wir haben diese Problematik im Sinne einer klaren Aufgabenstellung dargestellt. Es kommt darauf an, im Prozeß der Vollendung des sozialistischen Aufbaus alle gesellschaftlichen Möglichkeiten zu erschließen, damit die Frau in Überwindung der Nachwirkungen aus der Zeit des Kapitalismus und unter Vereinbarung ihrer beruflichen und gesellschaftlichen Tätigkeit und Entwicklung mit den familiären Aufgaben ihre Fähigkeiten und Talente maximal entfalten kann. Wenn wir von der Aufgabe sprechen, alles im Interesse der vollen Entfaltung der Persönlichkeit der Frau zu tun, dann soll damit bewußt auf eine sehr komplexe Aufgabenstellung aufmerksam gemacht werden. Galt es zuerst, vor allem die rechtlichen Grundlagen für die Entwicklung der Frau zu schaffen, dann, in der Etappe der antifaschistisch-demokratischen Ordnung insbesondere, die Stellung der Frau im politischen Leben und mit dem Aufbau der Grundlagen des Sozialismus vor allem die Bedeutung der Berufsarbeit für die Entwicklung der Frau und der Gesellschaft zu klären, so besteht in der Periode des umfassenden Aufbaus des Sozialismus und seiner Vollendung unter den Bedingungen der technischen Revolution die Aufgabe darin, alle Fähigkeiten und Talente der Frauen zu entfalten und ihre Anwendung im gemeinsamen gesellschaftlichen und persönlichen Interesse zu sichern. Die Erfüllung dieser Aufgabe erfordert die Einbeziehung der Frauen in die Gestaltung aller gesellschaftlichen Prozesse, ihre Einbeziehung in die Erarbeitung der Prognose der jeweiligen Bereiche, in die Perspektiv- und Jahresplanung und in die praktische Leitungstätigkeit. Das erfordert zugleich die Einordnung der Probleme der weiteren Festigung der gesellschaftlichen Stellung der Frau in die wissenschaftlichen Untersuchungen, die der Leitung der Prozesse als Grundlage dienen.

IV. Zu einigen Fragen der bisherigen Arbeit

Bisher haben die Wissenschaftler der DDR an der Gestaltung des Prozesses der Verwirklichung der Gleichberechtigung der Frau nur in geringem Maße teilgenommen. Will die Wissenschaft ihrer Rolle als unmittelbare Produktivkraft und ihren Aufgaben bei der Ausarbeitung des Gesamtsystems der sozialistischen Gesellschaft voll gerecht werden, will sie der besonders vordringlichen Aufgabe nachkommen, den Prozeß der Entwicklung des sozialistischen Menschen in unserer Gesellschaft mit einem hohen Nutzen für die gesellschaftliche Praxis zu erforschen, dann ist die planmäßige Einbeziehung der Probleme der weiteren Förderung und Entwicklung der Frauen in die wissenschaftliche Arbeit unerläßlich. Wir sprechen bewußt von der Einbeziehung oder Einordnung der Probleme der weiteren Festigung der gesellschaftlichen Stellung der Frau in die wissenschaftliche Arbeit. Die Entwicklung der Frauen ist immer untrennbar mit der der Gesellschaft insgesamt verbunden. Heute können wir beobachten, daß dieser Zusammenhang mit der Weiterentwicklung der sozialistischen Gesellschaft immer enger wird. Die Maßnahmen zur Durchsetzung des Rechts der Frau auf gleichen Lohn für gleiche Arbeit z. B. waren nur möglich unter den Bedingungen der Arbeiter-und-Bauern-Macht. Von den konkreten Produktionsaufgaben der Betriebe oder Institutionen, in denen die Frauen arbeiteten, waren sie dagegen weitgehend unabhängig. Heute sind die nunmehr entstehenden Probleme bei der Weiterentwicklung der Frauen und die erforderlichen Maßnahmen mit den Aufgaben der Perspektive und den sich in außerordentlich hohem Tempo vollziehenden Veränderungen in der Volkswirtschaft insgesamt und in ihren Bereichen bis zu den Industriebetrieben, Genossenschaften und Institutionen auf das engste verflochten. Aus dieser Tatsache folgt die Notwendigkeit, die entsprechenden Untersuchungen eng in diejenige wissenschaftliche Arbeit zu integrieren, die der Ausarbeitung der Prognose, der Perspektiv- und Jahresplanung und der Leitungstätigkeit zugrunde gelegt werden. Wenn wir uns mit der Rolle der Wissenschaft bei der weiteren Festigung der gesellschaftlichen Stellung der Frau näher beschäftigen, so ist zunächst darauf hinzuweisen, daß wir - von den Aufgaben im einzelnen, auf die ausführlich zurückzukommen sein wird, abgesehen - zwei große Aufgabenbereiche vor uns haben. Es geht einmal um Untersuchungen und wissenschaftlich begründete Vorschläge, die sich unmittelbar auf die Entwicklung der Frau in unserer Gesellschaft beziehen. Hier sind die Probleme der weiteren Festigung der gesellschaftlichen Stellung der Frau direkt Gegenstand der wissenschaftlichen Arbeit. Und die notwendigen Untersuchungen bilden eine Teilproblematik der vielfältigen Fragestellungen und Probleme, die die Rolle, die Entwicklung und Stellung des Menschen in der sozialistischen Gesellschaft betreffen. Der zweite Aufgabenkomplex betrifft Probleme, die sich nicht unmittelbar auf die Frau beziehen, die aber mittelbaren Einfluß auf die Entwicklungsmöglichkeiten der Frau nehmen. Wir meinen insbesondere Untersuchungen zur gesellschaftlichen Erziehung und Betreuung der Kinder und zur Erleichterung der Lebensbedingungen, vor allem der Hausarbeit. Diese beiden Aufgabenkomplexe gehören in verschiedenem Umfang und Inhalt zum Gegenstand sehr vieler Wissenschaftsdisziplinen. Insbesondere sind philosophische, ökonomische, soziologische, pädagogische, medizinische, psychologische, juristische und technische Probleme sowie Fragen der Leitungs-, Berufs- und Kulturwissenschaft aufgeworfen, deren Untersuchung dringend der Gemeinschaftsarbeit bedarf. Die bisherige Behandlung der gesellschaftlichen Stellung der Frau in der DDR und der damit verbundenen Probleme ist in den einzelnen Wissenschaftsdisziplinen sehr unterschiedlich. Im ganzen muß sie als unzureichend bezeichnet werden. Selbstverständlich ist es Sache der Vertreter dieser Disziplinen selbst und insbesondere ihrer leitenden Gremien, eine kritische Einschätzung ihrer bisherigen Arbeit vorzunehmen und die Aufgabenstellungen daraus abzuleiten. Diesem Anliegen sollten wir in der Diskussion breiten Raum geben. Im folgenden soll auf Grund des im Wissenschaftlichen Beirats "Die Frau in der sozialistischen Gesellschaft" vorhandenen Überblicks, der sich nur auf Stichproben beziehen kann, auf einige besonders dringliche Fragen in der bisherigen wissenschaftlichen Arbeit eingegangen werden. In wissenschaftlichen Arbeiten, die Grundtendenzen unserer sozialistischen gesellschaftlichen Entwicklung behandeln, ist es gegenwärtig in der Regel nicht üblich, die doppelte Befreiung, die der Sozialismus für die Frau darstellt, die Bedeutung der künftigen Entwicklung für die Festigung der gesellschaftlichen Stellung der Frau und die Hauptprobleme herauszuarbeiten, die in den weiteren Etappen der gesellschaftlichen Entwicklung für die Frau enthalten sind. In diesen Arbeiten ist nahezu ausschließlich vom Menschen schlechthin die Rede. Eine philosophische Untersuchung über "Gesellschaft und Fortschritt" von Werner Müller[12], 1966 im Verlag der Wissenschaften erschienen, in der auch die Kriterien für den sozialistischen Fortschritt herausgearbeitet werden, beschränkt sich z. B. auf die Feststellung, daß die Einbeziehung aller Werktätigen in die Gestaltung des gesellschaftlichen Fortschritts für den Sozialismus charakteristisch sei. Eine Differenzierung dieser Feststellung und eine Aussage zur Rolle der Frau wird dabei nicht vorgenommen. Die Klassiker des Marxismus-Leninismus behandeln diese Problematik grundsätzlich anders. So haben Marx und Lenin z. B. im entsprechenden Zusammenhang ausdrücklich auf die Meinung Fouriers Bezug genommen, nach der der Entwicklungsstand einer Gesellschaft und das Niveau ihrer Kulturentwicklung an der Stellung der Frau - an der Stellung des schönen Geschlechts, wie Marx es nannte - gemessen werden kann. Marx schreibt in einem Brief an Kugelmann: "Jeder, der etwas von der Geschichte weiß, weiß auch, daß große gesellschaftliche Umwälzungen ohne das weibliche Ferment unmöglich sind. Der gesellschaftliche Fortschritt läßt sich exakt messen an der gesellschaftlichen Stellung des schönen Geschlechts (die Häßlichen eingeschlossen)."[13] Diese Art der Darstellung bei den Klassikern resultiert aus der Erkenntnis, daß die gesellschaftliche Stellung der Frau nicht nur vom Charakter der gesellschaftlichen Verhältnisse unmittelbar bestimmt wird, sondern daß in ihrer Lage, ihren Entwicklungsmöglichkeiten bzw. den ihr gesetzten Grenzen die Stellung des Menschen in der jeweiligen Gesellschaft besonders offensichtlich, besonders deutlich erkennbar wird. Gleichzeitig haben die Klassiker in allen entsprechenden Zusammenhängen ausdrücklich auf die Notwendigkeit der massenweisen Einbeziehung der Frauen in den Kampf um den gesellschaftlichen Fortschritt aufmerksam gemacht, und zwar im Interesse des Erfolges der Bewegung und der Dauerhaftigkeit des Errungenen. Leider wurde auf einer so bedeutenden wissenschaftlichen Veranstaltung wie dem Kongreß zum Thema "Die marxistisch-leninistische Philosophie und die technische Revolution" ebenfalls die gesellschaftliche Stellung der Frau nicht behandelt. Die fehlende oder unzureichende Einbeziehung des in der DDR mit und durch den sozialistischen Aufbau vollzogenen und sich weiter vollziehenden Prozesses der doppelten Befreiung der Frau in wissenschaftliche Darstellungen ist nicht zu vertreten. Diese Sachlage widerspricht einer außerordentlich wichtigen Aufgabe, die der Gesellschaftswissenschaft der DDR gestellt ist. Sie widerspricht der Notwendigkeit, ein klares Bild von den Entwicklungstendenzen, Hauptergebnissen und Haupterrungenschaften des sozialistischen Aufbaus in der DDR zu vermitteln. In diesem Punkt ist eine völlig ungenügende Auswertung der Beschlüsse und Hinweise der Partei der Arbeiterklasse weit verbreitet. Die von Walter Ulbricht getroffene Feststellung: "Selbst wenn dieser unser Staat nichts anderes fertigbekommen hätte als die Befreiung der Frau von den Fesseln einer jahrhundertealten Abhängigkeit und vielfältigen Ausbeutung, so wäre allein damit schon seine große geschichtliche Leistung bewiesen"[14] ist in der einschlägigen wissenschaftlichen Literatur völlig ungenügend verarbeitet worden. Doch handelt es sich nicht nur darum, daß außerordentliche Errungenschaften und Erfahrungen des sozialistischen Aufbaus der DDR unerwähnt bleiben. Aufgrund dieser Situation werden aus philosophischer Sicht keine Fragen an andere Disziplinen herangetragen, so daß auch hier eine Ursache dafür gesetzt wird, daß bei der Ausarbeitung der Aufgaben der verschiedenen Einzelwissenschaften die Probleme der weiteren Entwicklung der Frau oft keine bzw. eine nur untergeordnete oder rein zufällige Rolle spielen. Der Verzicht auf grundsätzliche Darstellungen zur gesellschaftlichen Stellung der Frau in der DDR kann auch deshalb für die Zukunft nicht mehr akzeptiert werden, weil der zwangsläufig zu fehlerhaften, mindestens mißverständlichen Darstellungen zur Rolle der Frau in abgeleiteten Fragen führt. Nur so ist zum Beispiel zu erklären, daß in dem Buch von Wolfgang Eichhorn I "Von der Entwicklung des sozialistischen Menschen"[15], 1964 im Dietz Verlag erschienen, die Frauen als eine Menschengruppe bezeichnet werden, die Privilegien im Lernen hätte. Zudem ist im Buch davon die Rede, daß die Verwirklichung der Gleichheit des Rechts eigentlich nur möglich sei, wenn die täglich anfallenden Aufgaben differenziert, d. h. ungleich, verteilt werden. In der Soziologie sind in den vergangenen Jahren aufgrund ihrer Aufgaben in der Regel Untersuchungen differenziert nach Männern und Frauen ausgewiesen und eine Reihe interessanter Fakten erarbeitet worden. Wir möchten gegenüber den Soziologen und auch den Vertretern anderer Wissenschaftsdisziplinen, die sich mit Problemen der gesellschaftlichen Stellung der Frau unter anderem oder auch ausführlich beschäftigt haben, ausdrücklich betonen, daß wir diese Anfänge für sehr wertvoll halten. Wenn wir dennoch Kritisches dazu äußern, so liegt das in unserem Zusammenhang - wie ja auch in allen anderen Fällen - eben daran, daß derjenige, der etwas tut, der etwas schreibt, die Gedanken der anderen und damit auch die Kritik anders herausfordert als derjenige, der sich nicht äußert. In soziologischen Untersuchungen sind nicht unwesentliche Mängel aufgetreten, die die Aussagekraft des Faktenmaterials in bezug auf die Stellung der Frau schmälern. Die Konzeption zur Untersuchung bestimmter gesellschaftlicher Prozesse, z. B. der Qualifizierung oder der Entwicklung der Jugend, enthalten meist keine oder ungenügende Teilkonzeptionen zur Rolle der Frau. Unter anderem wird das in einer Reihe von Beiträgen deutlich, die in dem Sammelband "Fragen der marxistischen Soziologie" 1964 als Sonderband der Wissenschaftlichen Zeitschrift der Humboldt-Universität erschienen sind[16]. Bei speziellen Untersuchungen zur gesellschaftlichen Stellung der Frau gibt es auch vielfach noch Fragestellungen, die wenig geeignet sind, das Neue in der Entwicklung der Frauen, insbesondere ihrer Stellung zur Berufstätigkeit, zu erfassen. Oft werden die speziellen Fakten zur Lage der Frau gar nicht ausgewertet und wissenschaftlich verarbeitet. Das ist z. B. bei dem an sich sehr interessanten Forschungsbericht des Instituts für Arbeitsökonomie der Hochschule für Ökonomie in Berlin-Karlshorst der Fall, der im Mai vorigen Jahres zum Thema "Stellung, Struktur und Perspektiven der angelernten Arbeitskräfte unter den Bedingungen der technischen Revolution" fertiggestellt wurde. Oft sind der Verwertung der soziologischen Arbeiten auch dadurch Grenzen gesetzt, daß andere Disziplinen, so z. B. die Ökonomie oder die Psychologie, entsprechende Fragen nicht behandeln. Bei einigen Disziplinen gibt es wohl Untersuchungen, die die Lage und die Entwicklungsmöglichkeiten der Frau berühren, doch ist die Thematik zu wenig von den Hauptproblemen bestimmt, die im Interesse der Schaffung bestmöglicher Entwicklungsbedingungen für die Frauen einer Lösung bedürfen. So gab es im Bereich der pädagogischen Forschung über viele Jahre umfangreiche Untersuchungen und Experimente zur Gestaltung der Erziehungsarbeit in den Ganztagsschulen. Für die Masse der Familien konnten die Ergebnisse dieser Arbeit jedoch nicht wirksam werden, weil es bislang nicht möglich war und in absehbarer Zeit auch nicht möglich ist, die Mehrzahl oder auch nur einen beträchtlichen Teil der Kinder in diesen Einrichtungen zu unterrichten. Die Hortarbeit dagegen, die noch auf lange Zeit die Hauptform der gesellschaftlichen

Erziehung und Betreuung der Kinder der Unterstufe sein wird, wurde bislang nur in geringem Maße zum Gegenstand wissenschaftlicher Analysen und Untersuchungen im Interesse einer spürbaren Verbesserung der Erziehungsarbeit in diesen Einrichtungen gemacht.

Im Bereich der medizinischen Forschung, die selbstverständlich wie alle anderen Bereiche von den Vertretern dieser Disziplin analysiert werden muß, steht die Erforschung der Probleme, die auf eine prophylaktische Gesunderhaltung der berufstätigen Frau und Mutter gerichtet sind, nach unserem Überblick noch zu wenig im Mittelpunkt. Eine gute Entwicklung konnten wir bezüglich der wissenschaftlichen Arbeit auf dem Gebiet der Berufsbildung beobachten. Hier war es bereits möglich, wissenschaftliche Untersuchungen zu den vielfältigen Problemen, die bei der Qualifizierung der Frau auftreten, sowie Untersuchungen zu Formen und Qualität der Erwachsenenbildung für staatliche Leitungsakte auszuwerten. Das ist durch die "Anordnung über die Aus- und Weiterbildung von Frauen für technische Berufe und ihre Vorbereitung für den Einsatz in leitenden Tätigkeiten" vom 7. Juli 1966[17] geschehen. Andere Disziplinen wiederum haben sich nach unserem Überblick bisher gar nicht oder doch nahezu gar nicht mit den Problemen befaßt, die mit der weiteren Festigung der gesellschaftlichen Stellung der Frau verbunden sind. Das gilt z. B. für die Psychologie, und das ist eine Tatsache, die unseres Erachtens ganz besonders bedauert werden muß, da diese Wissenschaft von ihrem Gegenstand her grundsätzliche Probleme der Entwicklung der Frau behandeln und wichtige Grundlagen für die Arbeit anderer Wissenschaftsdisziplinen schaffen müßte.

Aus diesem Grunde möchten wir dazu auch noch einige nähere Ausführungen machen. Wie grundlegend die Problematik der Entwicklung der Frau aus psychologischer Sicht ist, wird gerade aus psychologischen Arbeiten besonders ersichtlich. Dafür ein Beispiel: In seinem Buch "Jugend heute", das 1966 im Verlag der Wissenschaften erschienen ist, teilt Walter Friedrich[18] die Jugendlichen in eine Reihe von Makrogruppen ein, die sich durch bestimmte Merkmale ihres Verhaltens voneinander unterscheiden. Diese Gruppierung wird nach Weltanschauung, Religionszugehörigkeit, Rasse und unter anderem nach dem Geschlecht vorgenommen. Unter dem Begriff "Geschlechterposition" werden die Merkmale dieser Gruppierung etwas näher behandelt. Friedrich vertritt die Meinung, daß unter unseren gesellschaftlichen Verhältnissen eine Abschwächung der geschlechtsspezifischen Unterschiede deutlich sei. Andererseits erfolgt die Zusammenfassung seiner dargelegten Auffassung dahingehend, daß das geschlechtstypische Verhalten dem Jugendlichen "Prestige" bringe und daß es "systematisch prämiiert" werde. Das geschlechtstypische Verhalten sei ein "Musterbeispiel der sozialbedingten Typenprägung". Worin aber besteht das geschlechtstypische Verhalten, wie äußert es sich, welchen Einfluß nimmt es auf die Persönlichkeitsentwicklung des jungen Menschen bei der Entfaltung seiner Fähigkeiten und Talente? Wie werten wir dieses typische Verhalten, wie seine Prämiierung, sollten wir Einfluß darauf nehmen, wenn ja, in welcher Richtung? Das alles sind Fragen, die offen und nach unserem Überblick bisher nicht Gegenstand psychologischer Untersuchungen sind, was u. a. aus dem Bericht über den ersten Kongreß der Gesellschaft für Psychologie und den veröffentlichten grundsätzlichen Ausführungen über die Aufgaben der Sozialpsychologie ersichtlich ist. Nicht zuletzt durch das Fehlen psychologischer Untersuchungen und Argumentationen ist es möglich, daß der in den Mitteilungen der Sektion Anthropologie im Jahre 1964 von Herbert Weinhold[19] geäußerte ganz allgemeine Zweifel an den gleichen geistigen Fähigkeiten der Frau im Vergleich zu denen des Mannes und die Meinung, wonach für technische Berufe in der Industrie die Masse der Frauen wohl weniger, sondern nur diejenigen geeignet seien, die eine betont maskuline Veranlagung hätten, bisher keine wissenschaftliche Auseinandersetzung hervorgerufen hat. An diesem Beispiel werden - wie wir meinen - die Aufgaben und Möglichkeiten der Wissenschaft, zur weiteren Festigung der gesellschaftlichen Stellung der Frau beizutragen, ganz besonders offensichtlich. Zu den Wissenschaftsdisziplinen, die sich den Problemen der Entwicklung der Frau bisher kaum widmeten, gehört auch die Rechtswissenschaft, wobei das Familienrecht eine Ausnahme bildet. Besonders bedauerlich ist, daß die Arbeitsrechtswissenschaft sich bisher weder den Problemen

der Verwirklichung der besonderen arbeitsrechtlichen Bestimmungen zur Förderung und zum Schutz der Frau und der Effektivität dieser Regelungen noch der Frage ihrer notwendigen Weiterentwicklung zugewendet hat. Große und empfindliche Lücken gibt es auch im Bereich der ökonomischen Forschung. Die Einbeziehung ökonomischer Probleme der Berufsarbeit der Frau, der Verwirklichung ihrer Rechte und ihrer Qualifizierung in das System ökonomischer Hebel und darüber hinaus in das ökonomische System der Planung und Leitung ist bisher weder Gegenstand ökonomischer Fragestellungen noch Untersuchungen. Wenn wir hier sehr kritische Worte zur bisherigen wissenschaftlichen Arbeit auf dem uns interessierenden Gebiet gewählt haben, so soll damit nicht gesagt werden, daß die Wissenschaftler der DDR bisher generell die Behandlung dieser Fragen unterlassen hätten. Einzelne Wissenschaftler der verschiedensten Disziplinen haben in den vergangenen Jahren eine Reihe von Detailuntersuchungen vorgenommen. Fast alle diese Arbeiten sind aufgrund des speziellen Interesses und der Initiative einzelner Wissenschaftler und überwiegend von Nachwuchswissenschaftlerinnen in Angriff genommen und durchgeführt worden. Diese Arbeiten enthalten eine Reihe interessanter Einzelergebnisse. Sie haben zur näheren Klärung des Inhalts des gesellschaftlichen Entwicklungsprozesses der Frauen unter den Bedingungen der DDR beigetragen, den erreichten Stand und die weiteren Hauptaufgaben näher bestimmt.
In vielen Punkten kann auf diese Arbeiten aufgebaut werden. Die Autoren der genannten Arbeiten waren jedoch fast ausnahmslos unter sehr komplizierten Bedingungen tätig. Ihre Untersuchungen waren meist nicht in die Erforschung genereller Prozesse eingeordnet, sondern erfolgten äußerst isoliert. Außerdem gelang bisher nicht die Gemeinschaftsarbeit von Vertretern mehrerer Disziplinen, so daß - angesichts der Komplexität der Problematik - oft der Versuch unternommen wurde, von einem Wissenschaftler Fragestellungen verschiedener Disziplinen, z. B. der Geschichte, der Psychologie, der Pädagogik und Bildungsökonomie, allein zu bearbeiten. Beide Erscheinungen, die im wesentlichen kritisch zur Leitung der wissenschaftlichen Arbeit vermerkt werden müssen, haben den Effekt der genannten Einzelarbeiten zwangsläufig gemindert. Die Ursachen für die insgesamt den Erfordernissen nicht entsprechende Situation sind vielgestaltig. In Beratungen mit Wissenschaftlern wurden vor allem zwei Argumente mehr oder weniger direkt ausgesprochen. Es werden Zweifel an der Notwendigkeit wissenschaftlicher Arbeit zu diesen Fragen zusammen mit der Meinung geäußert, daß hier lediglich praktische Probleme eine Rolle spielen. Diese Meinungen kulminieren etwa in der Forderung: Schafft mehr Kinderkrippen und Dienstleistungseinrichtungen, und das Problem ist gelöst. Ich nehme an, daß die bisherigen Ausführungen zusammen mit denen, die über die Hauptaufgaben der Wissenschaft in der kommenden Periode noch folgen werden, gezeigt haben, daß diese Meinung nicht richtig ist. Die zweite Gruppe von Argumenten akzeptiert die Notwendigkeit und Bedeutung wissenschaftlicher Arbeiten zu den hier dargelegten Problemen, bestreitet aber mit dem Hinweis auf Schwerpunktbildung und Kapazitätsprobleme die praktische Möglichkeit zur wissenschaftlichen Arbeit. Letzteres ist zwar eine wichtige und komplizierte Frage, sie kann die aufgezeigten Mängel jedoch nur in geringem Maße erklären oder gar rechtfertigen. Unseres Erachtens liegen die Ursachen einmal in generellen Mängeln der wissenschaftlichen Arbeit.
So wird hier die - trotz des Aufschwungs in den vergangenen Jahren - noch immer unzureichende, noch immer zu wenig auf die konkreten Prozesse des gesellschaftlichen Lebens bezogene wissenschaftliche Arbeit zur Entwicklung des Menschen und der verbreitete Mangel an Gemeinschaftsarbeit ganz besonders deutlich. Eine Reihe von Wissenschaftsdisziplinen, z. B. die Leitungswissenschaft, die Soziologie, die Sozialpsychologie, die Ergonomie, befinden sich als Disziplinen, die auf der Grundlage des Marxismus arbeiten, erst im Aufbau. Die spezifischen Ursachen liegen in ungenügendem Verständnis vieler Wissenschaftler für die Probleme der weiteren Entwicklung der Frau und in unklaren Vorstellungen über ihre gesellschaftliche Stellung im Sozialismus, insbesondere über die prinzipielle Bedeutung ihrer beruflichen Tätigkeit und maximalen beruflichen und gesellschaftlichen Entwicklung.
Daraus resultiert zwangsläufig ein ungenügendes Verständnis für die Aufgaben und die Verantwortung der Wissenschaft bei der weiteren planmäßigen Festigung der gesellschaftlichen

Stellung der Frau, die sich nicht nur in der Haltung einzelner Wissenschaftler bemerkbar macht, sondern gerade auch in der Planung und Leitung der wissenschaftlichen Arbeit.

V. Fragen der wissenschaftlichen Thematik

Im Interesse der weiteren Entwicklung der Frauen ist eine große Zahl von Problemen zu lösen. Für viele ist ohne wissenschaftliche Untersuchungen offensichtlich, was zu tun ist. Das gilt z. B. für die Notwendigkeit, das Netz der gesellschaftlichen Einrichtungen zur Erziehung und Betreuung der Kinder systematisch entsprechend unseren ökonomischen Möglichkeiten zu erweitern. Wenn man sich allerdings mit der Frage beschäftigt, wie diese Einrichtungen am erfolgreichsten tätig sein können oder welches Verhältnis zwischen Tages- und Wocheneinrichtungen für die Zukunft anzustreben ist, dann eröffnen sich bereits wissenschaftliche Fragen, und zwar in ihrer ganzen Komplexität. Auch die wissenschaftlich zu behandelnden Probleme sind sehr vielgestaltig. Es ist nicht möglich, allen gleichermaßen nachzugehen, womit eine Verständigung über die wichtigsten Fragen notwendig ist, die den Schwerpunkt der Arbeit in den nächsten Jahren bilden müssen. Gemäß dem bereits mehrfach zitierten Beschluß des Ministerrats über die Forschungsarbeit zu Problemen der Entwicklung und Förderung der Frauen und Mädchen in der DDR ist die Beratung und Festlegung der Forschungsschwerpunkte in Gestalt von Themenkomplexen eine der Hauptaufgaben des Wissenschaftlichen Beirats "Die Frau in der sozialistischen Gesellschaft". In seiner Sitzung vom Dezember 1966 hat der Beirat erstmalig Themenkomplexe beraten und beschlossen, die für den Perspektivplanzeitraum die Grundlage der Arbeit bilden. Auf einige der Schwerpunkte soll hier etwas näher eingegangen werden. Besonders hervorzuheben sind erstens Untersuchungen zur Entwicklung des sozialistischen Bewußtseins bezüglich der Stellung der Frau in Gesellschaft und Familie. Die zielstrebige Beeinflussung der Bewußtseinsbildung ist von größter Bedeutung. Die weitere Entwicklung der Frauen bedarf sowohl innerhalb der Planung und Leitung als auch im Alltag der täglichen Praxis der Gesellschaft und jeder Familie vieler Überlegungen, Maßnahmen und Verhaltensweisen. Sie können dann am ehesten erwartet werden und sind dann am zweckdienlichsten, wenn sie von einer richtigen Einstellung zur Rolle der Frau in der sozialistischen Gesellschaft bestimmt sind. In diesem Sinne besteht ein Primat der ideologischen Probleme bei der weiteren Festigung der gesellschaftlichen Stellung der Frau gegenüber den materiellen Erfordernissen. Die Frage nach dem gesellschaftlichen Bewußtsein bezieht sich in unserem Zusammenhang darauf, inwieweit von der Gesellschaft insgesamt und von den einzelnen Klassen, Schichten, Gruppen und Individuen die Notwendigkeit anerkannt wird, daß gemäß dem Menschenbild des Sozialismus alle Gesellschaftsmitglieder, Männer und Frauen, die ihnen eigenen Anlagen, Fähigkeiten und Talente voll entfalten, an der Gestaltung der Gesellschaft mitwirken und sich dabei immer mehr zu sozialistischen Persönlichkeiten entwickeln. Das Hauptkettenglied ist dabei die Erkenntnis von der entscheidenden gesellschaftlichen und persönlichen Bedeutung der Berufstätigkeit der Frauen und ihrer beruflichen Entwicklung unter den konkreten Bedingungen der wissenschaftlich-technischen Revolution in unserer Republik und das entsprechende Verhalten jedes einzelnen. Wir möchten auf diese Problematik besonders aufmerksam machen, zumal im Zusammenhang mit den vielen praktischen Problemen der komplexen sozialistischen Rationalisierung nicht selten Meinungen erkennbar werden, nach denen der ständig steigende Lebensstandard und die Ergebnisse der Rationalisierung die Berufstätigkeit der Frau weniger erforderlich machten. Doch das Gegenteil ist der Fall. Die entfaltete sozialistische Gesellschaft bedarf der Schöpferkraft des ganzen Volkes, jedes einzelnen. Gleichzeitig wird die Arbeit in der sozialistischen Gesellschaft zusammen mit ihrem ständig steigenden Niveau immer mehr zur wichtigsten Quelle der Persönlichkeitsbildung. Niemand hat das Recht, den Frauen diese entscheidende Voraussetzung für ihre Entwicklung auch nur zum Teil streitig zu machen. Die Festigung des sozialistischen Bewußtseins zur Stellung der Frau ist Bestandteil der Weiterentwicklung des sozialistischen gesellschaftlichen Bewußtseins insgesamt. Es ist notwendig, den erreichten Stand zu analysieren, die Hauptfaktoren, die seine Entwicklung bestimmen, herauszuarbeiten und die vielfältigen Einflüsse, die von der Literatur, der Kunst insgesamt, den Massenkommunikationsmitteln usw. ausgehen, im Interesse ihrer bewußten Gestaltung zu untersuchen. Einen zweiten Schwerpunkt bilden die Probleme der weiteren Entwicklung der gesellschaftlichen Stellung der Frau im Zusammenhang mit den Erfordernissen der technischen Revolution, insbesondere der komplexen sozialistischen Rationalisierung in der Volkswirtschaft insgesamt, in den Industriezweigen, volkseigenen Betrieben und LPG. Mit der technischen Revolution vollziehen sich in den verschiedenen Bereichen der Volkswirtschaft unzählige Veränderungen. Gerade die gegenwärtig vor allem von Frauen ausgeführten Tätigkeiten, die keine Berufsausbildung voraussetzen, werden umgestaltet. Arbeitskräfte werden hier frei gesetzt, die an anderer Stelle, unter anderen fachlichen Voraussetzungen, oft auch unter wesentlich veränderten Arbeitsbedingungen, dringend benötigt werden. Nicht selten erweist sich eine gerade erst erworbene Facharbeiterausbildung als nicht mehr ausreichend oder die ihr entsprechende Tätigkeit wird durch die Rationalisierung überflüssig. Schichtarbeit wird in größerem Umfang als bisher unvermeidbar usw.

Diese und viele andere Probleme erfordern eine einheitliche, prognostische Planung und Leitung der Entwicklung der Arbeitskräfte und der gesamten Bedingungen, unter denen sie produzieren. Deshalb ist es unumgänglich, die in den meisten Bereichen der Volkswirtschaft heute noch verbreitete Beschränkung der wissenschaftlichen Arbeit auf die naturwissenschaftlich-technischen Probleme zu überwinden. Untersuchungen zur Rolle des Menschen und dabei gerade zur Rolle der Frau bei der Gestaltung der notwendigen Prozesse, der Anforderungen, die an den Menschen zu stellen sind, der Wege, über die der Mensch ihnen gerecht werden kann, müssen dazu kommen.

Die Hauptfragen richten sich dabei auf die langfristige Erarbeitung von Weg und Ziel der Qualifizierung der Frauen, auf die Einbeziehung der damit verbundenen vielfältigen ökonomischen Probleme in das ökonomische System der Planung und Leitung sowie auf Fragen der Leitungstätigkeit. Bei letzterem kommt es darauf an, durch Untersuchungen - so durch die Erarbeitung eines Modells - die Einbeziehung der Probleme der weiteren Entwicklung der Frauen in die Leitungstätigkeit und die Überwindung der Diskontinuität und der Ressortarbeit auf diesem Gebiet zu unterstützen. Die Überwindung der Ressortarbeit wurde bereits im Kommuniqué des Politbüros der SED "Die Frau, der Frieden und der Sozialismus" deutlich gefordert. Diese Ressortarbeit ist heute zu einem Haupthindernis bei der planmäßigen Gestaltung der weiteren Entwicklung der Frauen geworden. Alle Untersuchungen zur Entwicklung und Förderung der Frau haben das Ziel, Wege zu erarbeiten, über die mit der technischen Revolution und der komplexen sozialistischen Rationalisierung die Stellung der Frau im gesellschaftlichen Produktionsprozeß weiter gefestigt wird. Diese Notwendigkeit wurde auf der Rationalisierungskonferenz ausdrücklich hervorgehoben. Wir möchten in diesem Zusammenhang an die Ausführungen Walter Ulbrichts anläßlich des 15. Jahrestages des Bestehens unserer Republik erinnern, wonach die weitere "... praktische Verwirklichung der Gleichberechtigung der Frau ... in hohem Maße von ihrer Stellung im Produktionsprozeß" abhängt.[20] Eine dritte vom Beirat als Schwerpunkt beschlossene Thematik bezieht sich auf die Probleme der Verbesserung der außerunterrichtlichen Erziehung der Schulkinder, insbesondere der Unterstufe. Aus der Analyse der Lage der Frauen wurde ersichtlich, daß nicht nur bei Kleinkindern komplizierte Probleme der Vereinbarkeit von Beruf und Mutterschaft auftreten. Sehr häufig legen sich Mütter gerade mit Rücksicht auf die Schulkinder, vor allem der unteren Klassen, Beschränkungen in ihrer eigenen Entwicklung auf. Wir erachten es für notwendig, die qualitative und quantitative Verbesserung der außerschulischen Erziehung als einen Schwerpunkt der gesellschaftlichen Maßnahmen zur Unterstützung der berufstätigen Frau anzusehen. Die wissenschaftlichen Untersuchungen sollten unbedingt auf die Einrichtungen konzentriert werden, die gegenwärtig und in den nächsten Jahren für die Masse der Kinder in Betracht kommen. Als vierten Schwerpunkt in der wissenschaftlichen Arbeit möchten wir schließlich noch besonders auf die Problematik der

Erleichterung der Hausarbeit hinweisen. Die Dringlichkeit dieser Aufgabenstellung wird offensichtlich, wenn man bedenkt, daß gegenwärtig für einen 4-Personen-Haushalt durchschnittlich 47,5 Wochenstunden Hausarbeit und davon etwa 80 % von Frauen geleistet werden. Eine Analyse der Lage der Frauen hat ergeben, daß die qualitativen Aufgaben wachsen, die an sie mit der Entwicklung der Gesellschaft sowohl im Beruf, in der gesellschaftlichen Arbeit als auch bei der Familienerziehung gestellt werden und denen sie selbst immer mehr gerecht werden möchten.Veränderungen auf dem Gebiet der Hausarbeiten könnten beachtliche Kraft- und vor allem Zeitreserven für die Familien, insbesondere für die Frauen, freimachen. Die bisherigen Veränderungen der Hausarbeit, insbesondere ihre Technisierung, haben in der Hauptsache Arbeitserleichterungen, weniger dagegen Zeitersparnis gebracht. Unter Beachtung volkswirtschaftlicher Möglichkeiten und Zweckmäßigkeiten und in Einschätzung der sich entwickelnden Bedürfnisse der Bürger und der Familien sind die günstigsten Varianten für die weiteren Veränderungen auf dem Gebiet der Hausarbeit zu klären. Hier haben wir es mit einer außerordentlich vielgestaltigen und komplexen Problematik zu tun. Beim Aufbau der wissenschaftlichen Arbeit auf diesem Gebiet kommt es deshalb vordringlich auf die richtige Auswahl einiger Schwerpunkte, z. B. aus dem Komplex Ernährung oder Bekleidung, und auf die Entwicklung der Gemeinschaftsarbeit von Vertretern aller einschlägigen Disziplinen an. Das Ziel besteht darin, wissenschaftliche Grundlagen dafür zu schaffen, daß die Erleichterung der Hausarbeit als ein wichtiger Aspekt in die prognostischen Festlegungen zur komplexen sozialistischen Rationalisierung in einer Reihe von Industriezweigen und im Bauwesen in aufeinander abgestimmter Weise einbezogen werden kann. Es liegen bereits sehr aufschlußreiche Zeitbudgetuntersuchungen vor, die über den Umfang und die Relationen zwischen den einzelnen Hausarbeiten Aufschluß geben. Sie sind unseres Erachtens zusammen mit ersten Ausarbeitungen über die möglichen Hauptrichtungen zur weiteren Erleichterung der Hausarbeit eine wichtige Grundlage für den Aufbau der geforderten wissenschaftlichen Untersuchungen. Dabei geht es nach unserem Überblick keineswegs allein um die Ausarbeitung dieser oder jener technisch-wissenschaftlichen Lösung, sondern vor allem um die Einordnung dieser Problematik in die Gesamtperspektive unserer sozialistischen Gesellschaft. Besonders notwendig ist die Ausarbeitung exakter Unterlagen für die künftige Planung auf diesem Gebiet. Ohne ökonomische Berechnungen und Bilanzierungen ist die Konzentration auf solche Varianten, die für die Gesamtvolkswirtschaft - nicht nur für den einzelnen Industriezweig oder nur für den einzelnen Betrieb - am effektivsten sind, nicht möglich. Wir möchten unsere Ausführungen zu den inhaltlichen Fragestellungen der wissenschaftlichen Arbeit, die keineswegs den Anspruch auf Vollständigkeit erheben, damit abschließen. Wir haben uns auf die wichtigsten Probleme beschränkt und konnten nicht alle vom Beirat beschlossenen Themenkomplexe näher erläutern. In der Diskussion wird es sicher möglich sein, die hier geäußerten Gedanken zu ergänzen und zu vertiefen.

VI. Zu einigen Fragen der Leitungstätigkeit

Uns soll nun noch die Frage nach dem Wie, d. h. nach der Verwirklichung der genannten Aufgaben, nach den in diesem Zusammenhang notwendigen Wegen der Planung und Leitung der wissenschaftlichen Arbeit beschäftigen. Wie wir gesehen haben, sind vielfältige Probleme zu untersuchen und viele verschiedene Wissenschaftsdisziplinen angesprochen. In Erkenntnis der Notwendigkeit planmäßiger und systematischer wissenschaftlicher Arbeit zu den Problemen der weiteren Förderung der Frauen und Mädchen hat der Ministerrat der DDR 1964 durch Beschluß erste Festlegungen zur wissenschaftlichen Arbeit auf diesem Gebiet getroffen, insbesondere eine Reihe wichtiger Themen und die Bildung des Wissenschaftlichen Beirats bei der DAW "Die Frau in der sozialistischen Gesellschaft" bestimmt. Als der Beirat danach seine Arbeit aufnahm, konnte weder national noch international auf vergleichbare Erfahrungen zurückgegriffen werden. Es war notwendig, die richtigen Wege zur Wissenschaftsorganisation auf diesem Gebiet zu erproben. Ohne Rechenschaft über die

Arbeit des Beirats zu geben, soll doch auf folgende Hauptergebnisse der bisherigen Arbeit hingewiesen werden. Durch die Tätigkeit des Beirats wurden nahezu alle Wissenschaftler erfaßt, die sich in der DDR ausschließlich oder weitgehend mit Problemen der gesellschaftlichen Entwicklung der Frauen befassen. Zu einem sehr großen Teil handelt es sich dabei um Assistenten und Aspiranten.Die überwiegende Zahl dieser Wissenschaftler wurde in Arbeitsgruppen zusammengeführt. Das Schwergewicht der Arbeit des Beirats war auf die Arbeitsgruppen gerichtet, die sich mit den Problemen der Frau im Beruf beschäftigen, also auf die Arbeitsgruppen die Frau in der Industrie, in der Landwirtschaft, im Staatsapparat, im Handel und in der Wissenschaft. Die Hauptaufgabe der Arbeitsgruppen lag auf dem Gebiet der Durchführung der wissenschaftlichen Arbeiten, die bereits verschiedentlich, meist spontan in Angriff genommen worden waren. Es liegt eine vollständige Übersicht über abgeschlossene und in Arbeit befindliche Untersuchungen vor, die sich speziell mit der Entwicklung der Frau beschäftigen. Es wurde eine Analyse der wissenschaftlichen Aussagen vorgenommen, die in diesen Arbeiten bereits gewonnen werden konnten. Außerdem liegt eine Analyse der Lage der Frauen in der DDR (ohne zweigspezifische Besonderheiten) vor, soweit das aufgrund der bisher üblichen statistischen Erfassung möglich ist. Durch vielfältige Kontakte, vor allem aber durch die Herausgabe des Informationsheftes, konnte eine weitgehende Information aller Interessenten insbesondere über wissenschaftliche Vorhaben und gewonnene Ergebnisse gesichert werden. Das Hauptaugenmerk richtete der Beirat auf die Einbeziehung der Probleme bei der Entwicklung der Frauen und Mädchen in die generelle Wissenschaftsplanung. Doch gerade auf diesem Gebiet konnte die Arbeit bisher nicht befriedigen. Es war bislang in nur unzureichendem Maße gelungen, auf die Planung und Leitung der wissenschaftlichen Arbeit entsprechend den gegebenen inhaltlichen Schwerpunkten Einfluß zu nehmen. Durch den Ministerratsbeschluß vom 20. Oktober 1966 "über die weitere Durchführung der Forschung zu Problemen der Entwicklung und Förderung der Frauen und Mädchen in der DDR"[21] sind in Auswertung der Erfahrungen der zweijährigen Tätigkeit des Beirats für die Planung und Leitung der wissenschaftlichen Arbeit neue Grundlagen geschaffen worden. Der Weg der Planung und Leitung der hier aufgeworfenen wissenschaftlichen Probleme hängt von ihrer Stellung im System der wissenschaftlichen Fragestellungen und Untersuchungen insgesamt ab. Die wissenschaftlichen Probleme, die sich auf die weitere Festigung der gesellschaftlichen Stellung der Frau in der DDR beziehen, sind ein wichtiger Teilkomplex der Untersuchungen, die für die Periode des Sieges des Sozialismus in der DDR zur Entwicklung der Menschen in unserer Gesellschaft, zur komplexen sozialistischen Rationalisierung, zur Erziehung der heranwachsenden Generation, zur Erleichterung der Lebensbedingungen der Bevölkerung usw. durchzuführen sind. Demzufolge kann es nicht darauf ankommen, eine spezielle Frauenforschung aufzubauen. Notwendig dagegen ist die bewußte, planmäßige und kontrollierbare Einbeziehung der Probleme der Weiterentwicklung der gesellschaftlichen Stellung der Frau in die Erforschung genereller Prozesse. Von dieser Konzeption ist der Beirat seit seiner Gründung im Juli 1964 ausgegangen. Sie hat sich in den zurückliegenden Jahren sowohl durch die praktische Tätigkeit des Beirats als auch aufgrund einer Analyse der wissenschaftlichen Arbeiten voll bestätigt, die bisher speziell zur Entwicklung der Frauen geschrieben wurden und die - wie bereits erwähnt - nicht als Bestandteil komplexer Untersuchungen konzipiert waren. Dieser objektiven Stellung der wissenschaftlichen Probleme zur Entwicklung der Frau innerhalb der wissenschaftlichen Arbeit entsprechend, hat der Ministerratsbeschluß vom 20. Oktober 1966 Festlegungen zur Verantwortlichkeit für die Entwicklung der wissenschaftlichen Arbeit getroffen. Durch diesen Beschluß wurde die Verantwortung für die Planung und Leitung der wissenschaftlichen Arbeit zur Entwicklung und Förderung der Frau in die allgemeine Verantwortung für die Entwicklung der wissenschaftlichen Arbeit eingegliedert. Sie obliegt den zentralen staatlichen Organen für die Entwicklung in ihrem Bereich und für einige Wissenschaftsdisziplinen, für die eine zentrale staatliche Leitung nicht gegeben ist, den zentralen wissenschaftlichen Gremien (z. B. Rat für Soziologie, Sektion für Philosophie, Sektion für Psychologie). Im Ministerratsbeschluß heißt es dazu: "Die Leiter der zentralen Staats- und Wirtschaftsorgane sind verantwortlich für die Planung, Leitung und Koordinierung der Forschung, die sich aus ihrer Aufgabenstellung für die weitere Entwicklung der Frauen und Mädchen im Sozialismus und ihrer Arbeits- und Lebensbedingungen ergeben. Gleichzeitig tragen sie die volle Verantwortung für die Erforschung jener Probleme, die für die weitere Entwicklung und Förderung der Frauen und Mädchen ihres Bereiches bestimmend sind. Sie sorgen dafür, daß die dazu notwendigen Forschungsthemen in ihre Perspektiv- bzw. Jahrespläne aufgenommen werden."[22] Außerdem wurde festgelegt: "In der jährlichen Analyse über die Erfüllung des Volkswirtschaftsplanes sind die Forschungsergebnisse auf dem Gebiet der Entwicklung und Förderung der Frauen und Mädchen mit einzuschätzen und die sich daraus ergebenden Schlußfolgerungen darzulegen."[23] Da die hier zu untersuchenden Probleme außerordentlich komplexer Natur und in den verschiedensten Bereichen in Zusammenarbeit mehrerer Wissenschaftsdisziplinen zu erforschen sind, war es notwendig, zusammen mit der Festlegung der Eigenverantwortlichkeit der zentralen staatlichen Organe für die Planung, Leitung und Durchführung der wissenschaftlichen Arbeit deren Koordinierung sowohl bei der Aufstellung der Pläne als auch bei der Durchführung der wissenschaftlichen Arbeit und ihrer Auswertung zu sichern. Hier liegt die Hauptaufgabe des Wissenschaftlichen Beirats bei der DAW. Seine Koordinierungsaufgaben beziehen sich auf die Festlegung der Forschungsschwerpunkte in Gestalt der Hauptrichtung und der Themenkomplexe, auf die Abstimmung der Forschungspläne der zentralen staatlichen Organe und ihrer Verteidigung vor der Staatlichen Plankommission, auf die Unterstützung aller Beteiligten bei der Gemeinschaftsarbeit, auf die Beratung grundsätzlicher Probleme anhand wissenschaftlicher Ergebnisse, auf die Weiterentwicklung der Aufgabenstellung und schließlich auf eine umfassende Information aller beteiligten Institutionen und Wissenschaftler. Der Beirat "Die Frau in der sozialistischen Gesellschaft" wird dieser Aufgabe in dem Maße gerecht werden, wie die im Beirat arbeitenden Vertreter der zentralen staatlichen Organe und der zentralen wissenschaftlichen Gremien an der Arbeit des Beirats aufgrund der Erfahrungen und entsprechend den generellen Aufgaben der von ihnen vertretenen Einrichtungen mitwirken. Gleichzeitig hängt die Erfüllung der Aufgaben des Beirats davon ab, inwieweit diese Mitglieder die Verwirklichung der im Beirat gemeinsam auf der Grundlage des Ministerratsbeschlusses getroffenen Festlegungen in ihrem Bereich sichern und dort selbst die Voraussetzungen dafür geschaffen sind bzw. werden. Im Ministerratsbeschluß ist im Interesse der Koordinierung und der straffen Leitung der wissenschaftlichen Arbeit eine weitere außerordentlich wichtige Festlegung getroffen worden. Es heißt dort: "Bei Themen, die die Zusammenarbeit mehrerer zentraler Organe erfordern, wird durch die zuständigen Leiter geregelt, welches zentrale Organ die Federführung bei der Durchführung der Forschungsarbeiten übernimmt."[24] Diese Bestimmung hat vor allem für die Untersuchungen zur beruflichen Entwicklung der Frau unter den Bedingungen der komplexen sozialistischen Rationalisierung und für den Themenkreis Erleichterung der Hausarbeit allergrößte Bedeutung. Sicher kann man die Untersuchungen zur Rationalisierung nicht auf einen Industriezweig oder sogar auf einige Betriebe beschränken, wenn verallgemeinerungsfähige Ergebnisse gewonnen werden sollen. Ebenso verbietet jedoch die Notwendigkeit der Konzentration und der Sicherung eines maximalen Tempos in der wissenschaftlichen Arbeit ein isoliertes Herangehen an die Probleme von verschiedener Seite. Es ist notwendig, unbedingt an bereits vorhandene Untersuchungen anzuknüpfen, die Konzeptionen gemeinsam zu erarbeiten, danach die Untersuchungsbereiche auszuwählen, die Analysen auszutauschen usw. Unseres Erachtens ist für die Untersuchung der Probleme, die mit der Rationalisierung verbunden sind, eine Konzentration auf die Leicht-, Lebensmittel- und Elektroindustrie anzustreben. Hier bietet sich eine Federführung des Staatlichen Amtes für Arbeit und Löhne an. Im Zuge der Ausarbeitung des Forschungsplanes für das Jahr 1968 muß zwischen den genannten zentralen Organen eine Einigung darüber erzielt werden. Für den Komplex Hausarbeit steht der Lösungsweg - was die straffe Leitung, Federführung und Zusammenarbeit zwischen den verschiedenen zentralen Organen betrifft - noch völlig aus. Es wird kaum zweckmäßig sein, eine federführende Verantwortlichkeit für den gesamten Komplex vorzusehen. Es sollten einige Schwerpunkte herausgegriffen werden, z. B. die Problematik der Speisewirtschaft oder die der Reinigung und Pflege der Kleidung, und dann für den systematischen Aufbau der wissenschaftlichen Arbeit als Unterlage für die künftige Perspektivplanung eine Übereinkunft über das federführende Organ und über die zur Mitarbeit verpflichteten Organe herbeigeführt werden. Bereits in Vorbereitung des Ministerratsbeschlusses über die weitere Durchführung der Forschung zu Problemen der Entwicklung und Förderung der Frauen und nach seinem Inkrafttreten wurde eine Reihe von wertvollen Erfahrungen bei der Planung und Leitung der wissenschaftlichen Arbeit gesammelt. Es hat sich gezeigt, daß in den Bereichen, wo bereits Pläne für wissenschaftliche Untersuchungen zur Entwicklung des Menschen vorhanden sind, nicht unbedingt neue besondere Forschungspläne in bezug auf die Probleme der Entwicklung der Frauen ausgearbeitet werden müssen. Hier kommt es darauf an, die vorhandenen Pläne zu überprüfen und sie entsprechend den Hauptproblemen bei der weiteren Entwicklung und Förderung der Frau zu ergänzen. Allerdings genügt es nicht, darauf hinzuweisen, daß die den Menschen betreffenden Fragen unter Beachtung der Unterschiede in der Situation bei Männern und Frauen zu untersuchen sind. Vielmehr sind spezielle Zielstellungen für die Untersuchungen unter dem Aspekt der Entwicklung der Frauen in den Plan einzuarbeiten. Diese Zielstellungen sind dann in die Konzeptionen, Untersuchungen und ihre Auswertung aufzunehmen. Der eben geschilderte Weg ist für den Bereich der Forschung auf dem Gebiet der Landwirtschaftswissenschaften bereits gegangen worden. Hier wurden in Zusammenarbeit zwischen dem Landwirtschaftsrat, der Deutschen Akademie der Landwirtschaftswissenschaften und dem Beirat "Die Frau in der sozialistischen Gesellschaft" in dem einheitlichen Forschungsplan der DAL, und zwar in die in Frage kommenden Themenkomplexe der Agrarökonomie, der Produktion von und mit Tieren, der Pflanzenproduktion, der Landtechnik usw., Zielstellungen zur Erforschung der Probleme der Bäuerinnen und Landarbeiterinnen festgelegt. Die Bearbeiter der Forschungsberichte wurden verpflichtet, "in den jährlichen Zwischenberichten und Abschlußberichten die Ergebnisse ihrer Forschungsarbeiten in spezifischen Abschnitten darzulegen und der staatlichen Leitung Vorschläge zu unterbreiten".[25] So werden z. B. die Bearbeiter der agrarökonomischen Komplexthemen "Einfluß und Entwicklung der Produktivkräfte auf die Produktionsstruktur der Landwirtschaft" und "Die Entwicklung der Arbeitskräfte, ihre Arbeits- und Lebensbedingungen in der Landwirtschaft" wissenschaftliche Aussagen u. a. auch zu folgenden Problemen zu erarbeiten haben: Einfluß der Rationalisierung auf die Arbeit der Frauen in der Landwirtschaft und die sich daraus ergebenden Arbeitsplatzveränderungen, Wege für die ganzjährige berufliche Tätigkeit der Genossenschaftsbäuerinnen. Wir möchten allen zentralen staatlichen Organen bei Vorhandensein ähnlicher Voraussetzungen diesen Weg empfehlen. Vor allem möchten wir den Leitungen zentraler wissenschaftlicher Beiräte und Sektionen - eine Auswertung des Ministerratsbeschlusses steht nach unserem Wissen bei allen noch aus -, also z. B. den Sektionen für Philosophie und für Psychologie, dringend empfehlen, so zu verfahren und auf diese Weise Schritt für Schritt die Probleme der weiteren Festigung der gesellschaftlichen Stellung der Frau durch detaillierte Zielstellungen in die wissenschaftliche Arbeit einzugliedern. In den Bereichen, in denen durch das Fehlen genereller Forschungsarbeiten zur Entwicklung des Menschen ein allgemeiner Anknüpfungspunkt noch nicht vorhanden ist, ergibt sich aus dem genannten Ministerratsbeschluß die Verpflichtung zum Aufbau dieser Arbeit und zum Beginn der Behandlung dieser Probleme, die besonders die Entwicklung der Frauen betreffen. Anfänge in dieser Richtung sind inzwischen von einigen Industrieministerien, insbesondere seitens des Ministeriums für Elektroindustrie und Elektronik sowie des Ministeriums für Bezirksgeleitete Industrie und Lebensmittelindustrie, unternommen worden. Die Diskussion wird uns auch gerade dazu einige Erfahrungen vermitteln. Bei der bisherigen Arbeit zur Verwirklichung des Ministerratsbeschlusses zeigten sich sehr vielfältige Reserven, auf die bei der Organisierung der wissenschaftlichen Arbeit zurückgegriffen werden kann. Das Wichtigste ist, diese Kräfte planmäßig zusammenzuführen. Selbstverständlich sollten sich die staatlichen Organe in erster Linie auf die ihnen unterstellten wissenschaftlichen Einrichtungen stützen. Das gilt aber nicht nur für die ihnen direkt zugeordneten Institute, wie für das Institut für Kommunalwirtschaft beim Ministerium für Bezirksgeleitete Industrie und Lebensmittelindustrie, oder für das Institut für Marktforschung beim Ministerium für Handel und Versorgung. Unbedingt sind auch die Universitätsinstitute, die entsprechenden Hochschulen und auch in bestimmtem Umfange die Kader von Fachschulen in die Arbeit einzubeziehen. Sehr positiv schätzen wir auch die Versuche einiger Industrieministerien ein, die VVB mit entsprechenden wissenschaftlichen Aufträgen zu betrauen und sie für einzelne Probleme verantwortlich zu machen und vor allem auf die Gewinnung der in ihrem Bereich tätigen wissenschaftlich interessierten Kräfte zu orientieren. Die Organisation, Planung und Leitung einer so komplexen und so in die Gesamtforschung zu integrierenden wissenschaftlichen Problematik, wie sie die weitere Festigung der gesellschaftlichen Stellung der Frau in der DDR darstellt, ist eine neue und komplizierte Aufgabe. Notwendigerweise mußte experimentiert werden, war es erforderlich, Erfahrungen zu sammeln. Wir meinen, daß heute im Prinzip der Weg gefunden ist, auf dem die wissenschaftliche Arbeit mit maximalem Nutzen aufgebaut und entwickelt werden kann. Von nun an sollten wir uns in Auswertung der bisher gesammelten Erfahrungen und der ersten gewonnenen Ergebnisse voll auf die Verwirklichung des Ministerratsbeschlusses vom 20. Oktober 1966 in allen seinen Punkten konzentrieren. Angesichts der engen Verflechtung der Probleme der Frauen mit der sozialistischen Gesamtentwicklung und aufgrund der Tatsache, daß in ihrer Stellung viele allgemeine Entwicklungsprobleme des Menschen in unserer sozialistischen Gesellschaft widergespiegelt werden, wird unsere Arbeit nicht nur für die Entwicklung der Frauen, sondern für die Gesellschaft von großem Nutzen sein. Sie wird darüber hinaus dazu beitragen, die Effektivität der wissenschaftlichen Arbeit insgesamt zu vergrößern.

ANMERKUNGEN

1 Die Frau, der Frieden und der Sozialismus, Berlin 1963.

2 W. I. Lenin, Werke, Bd. 30, Berlin 1961, S. 104/105.

3 Vgl.: Befehl Nr. 253 der SMAD v. 17. 8. 1947.

4 Vgl.: Die Verfassung der Deutschen Demokratischen Republik, Berlin 1949, Artikel 7.

5 Ebenda, Artikel 35.

6 Gesetzblatt der Deutschen Demokratischen Republik v. 27. 9. 1950, S. 1037.

7 Gesetzblatt der Deutschen Demokratischen Republik, Teil II, Nr. 121 v. 7. 11. 1966 S. 777.

8 Statistisches Jahrbuch der Deutschen Demokratischen Republik, Berlin 1966, S. 23.

9 Vgl. Statistisches Jahrbuch der Deutschen Demokratischen Republik, Berlin 1966 S. 581 ff.

10 R. Baumgart, Entwicklung und Förderung der Frauen in der Justiz, in: Neue Justiz 20/1966, S. 167.

11 W. Ulbricht, Der Weg zur Vollendung des sozialistischen Aufbaus in der DDR. Festrede zum 15. Jahrestag der DDR, Berlin 1964, S. 40.

12 W. Müller, Gesellschaft und Fortschritt, Berlin 1966.

13 K. Marx, Briefe an Kugelmann, Berlin 1952, S. 77.

14 W. Ulbricht, Festrede zum 15. Jahrestag der DDR, Berlin 1964, S. 40.

15 W. Eichhorn I, Von der Entwicklung des sozialistischen Menschen, Berlin 1964.

16 Fragen der marxistischen Soziologie, Teil I, II, in: Wissenschaftliche Zeitschrift der Humboldt-Universität zu Berlin, 1964, Sonderband.

17 In: Gesetzblatt der Deutschen Demokratischen Republik, Sonderdruck Nr. 545 v. 20. 8. 1966.

18 W. Friedrich, Jugend heute, Berlin 1966.

19 H. Weinhold, Die Auswertung psychosomatischer Korrelationen für den industriellen Fraueneinsatz, in: Mitteilungen der Sektion Anthropologie, Berlin 1964.

20 W. Ulbricht, Festrede zum 15. Jahrestag der DDR, Berlin 1964, S. 40.

21 Vgl. Gesetzblatt der Deutschen Demokratischen Republik, Teil II, Nr. 121 v. 7. 11. 1966.

22 Gesetzblatt der Deutschen Demokratischen Republik, Teil II, Nr. 121 v. 7. 11. 1966, S. 777.

23 Ebenda, S. 777.

24 Ebenda, S. 777.

25 Forschungsprogramm zur Entwicklung und Förderung der Frauen und Mädchen in der Landwirtschaft, Landwirtschaftsrat der DDR, Berlin 1966, S. 1.

DISKUSSION

BERTRAM WINDE (Berlin)

Konzentrierte Forschung zu Problemen der Frau im System der Planung und Leitung

Um einen hohen Nutzeffekt der wissenschaftlichen Arbeit zu erreichen, besteht die Grundaufgabe einer zweckmäßigen Planung der Forschung zu Problemen der Entwicklung von Frauen und Mädchen doch offensichtlich darin, diesbezüglich die für die DDR entscheidenden Schwerpunkte herauszuarbeiten, auf die wir in Zukunft die Arbeit konzentrieren müssen.

Der Beschluß des Ministerrats vom 20. Oktober 1966 "über die weitere Durchführung der Forschung zu Problemen der Entwicklung und Förderung der Frauen und Mädchen in der DDR"[1] legte fest, daß der Beirat "Die Frau in der sozialistischen Gesellschaft" auf der Grundlage der vorgegebenen Entwicklungstendenzen die Hauptrichtung der Forschung auf diesem Gebiet auszuarbeiten hat. Unzweifelhaft ist es die Aufgabe der Wissenschaftler selbst, ihre Arbeitsgebiete zu planen. Nur so wird mit der erforderlichen Sachkenntnis und besser geplant werden, als dies ein übergeordnetes Organ bewerkstelligen könnte. Die Planung wird so für die Arbeit eine wirkliche Hilfe werden. Der Wissenschaftliche Beirat sollte seine Aktivität erhöhen - anregend, beschränkend und koordinierend wirken.

Bei der Planung und Leitung naturwissenschaftlicher, technischer und auch ökonomischer Forschungsaufgaben haben wir bereits eine Reihe von Erfahrungen gesammelt, die wir hier berücksichtigen können, ohne sie schematisch zu übernehmen. Leider fehlen Erfahrungen bei der zentralen Planung gesellschaftswissenschaftlicher Forschung. Die Spezifik und die Besonderheiten der Planungsarbeit auf dem Gebiet der Forschung zu Problemen der Frauen und Mädchen besteht darin, daß es sich nicht um Fragen eines Zweiges oder einer wissenschaftlichen Disziplin handelt. Es geht vielmehr um Probleme ökonomischer, soziologischer, medizinischer, juristischer und anderer Art. Dementsprechend gilt es, die gesamte Skala wissenschaftlicher Disziplinen sinnvoll in die Arbeit einzuordnen. Die Methode der vertikalen Planung kann hier offensichtlich nicht allein angewandt werden. Die Tatsache, daß es sich um Querschnittprobleme handelt, macht es erforderlich, Methoden einer horizontalen Planung anzuwenden. Hier zeigt sich besonders deutlich die Notwendigkeit eines starken koordinierenden Organs, das die Grundrichtung der Arbeit festlegt und deren Durchsetzung in den einzelnen Bereichen fördert. Dieses Zentrum ist und kann zum gegenwärtigen Zeitpunkt nur der Beirat sein. Dessen Mitgliedern - sie vertreten ja die wichtigsten Organe, die die Aufgaben realisieren - obliegt es, in ihren Bereichen auch wirksam zu werden. Sicherlich wird es zweckmäßig sein, bei der Bewältigung dieser Aufgaben Netzwerkmethoden anzuwenden.

Ich habe schon darauf hingewiesen, daß die Grundaufgabe der Planung darin besteht, die Tätigkeit auf die entscheidenden Schwerpunkte zu konzentrieren. Damit müssen wir also beginnen. Wir dürfen nicht in den Fehler verfallen, einen Perfektionismus anzustreben, d. h. alle mit der zu behandelnden Problematik im Zusammenhang stehenden Fragen von Beginn an in die Planung einzubeziehen. Da die Forschungsarbeiten von grundlegender Bedeutung sind und sich über einen längeren Zeitraum erstrecken werden, bietet es sich an, diese Forschungsthemen bzw. Forschungskomplexe ähnlich wie den Plan der naturwissenschaftlichen Forschung zu behandeln.

Einmal muß die Richtung der Forschungsarbeit festgelegt werden und bestimmt werden, mit welchem Aufwand sie betrieben wird; zum anderen muß fixiert werden, wie die bereits vorliegenden Ergebnisse der Forschungsarbeit z. B. durch staatliche Maßnahmen realisiert werden. Die Auswahl der Aufgaben der naturwissenschaftlichen Forschung erfolgt im wesentlichen auf Vorschlag der Gremien des Forschungsrates, unter aktivem Einbeziehen aller Organe von der VVB bis zur Staatlichen Plankommission. Der Plan der Wissenschaften ist das Kernstück des Perspektivplanes bis 1970, d. h., er ist vom Ministerrat bestätigt und damit als Staatsplan für die einzelnen wissenschaftlichen Einrichtungen bzw. wirtschaftsleitenden Organe verbindlich. Ähnlich sollten die Forschungsaufgaben zum Problem der Entwicklung der Frauen und Mädchen geplant und geleitet werden, wobei der Beirat etwa die Rolle des Forschungsrates einnehmen müßte.

Gewiß haben die Frauen in der Beschäftigtenstruktur unserer Republik einen beachtlichen Platz inne, aber wir wissen auch alle, daß die Zahl der Frauen in mittleren und leitenden Funktionen noch weit hinter den Erfordernissen zurückbleibt. Die Aufgaben, die vor uns stehen, verlangen jedoch einfach, daß wir unser gesamtes Potential und insbesondere die wichtigste Produktivkraft, den Menschen mit seinen Fähigkeiten, mit hohem Effekt einsetzen. Die perspektivische und prognostische Arbeit muß also beim Planen der Forschung zu Problemen der Entwicklung und Förderung der Frauen und Mädchen im Vordergrund stehen. Die Prognose der gesellschaftlichen Entwicklung ist für uns eminent wichtig. Die prognostische Arbeit darf aber keineswegs als eine zeitweilige Kampagne aufgefaßt werden, sondern sie muß zum permanenten Bestandteil unserer Arbeit werden. Wenn man sich vergegenwärtigt, daß der Anteil der weiblichen Arbeiter und Angestellten in der Industrie über 40 % beträgt und der Anteil der Frauen in den Produktionsgenossenschaften der Landwirtschaft über 47 % ausmacht, dann wird deutlich, daß eine prognostische Einschätzung der Position, die die Frau im Jahre 1980 in unserer Gesellschaft einnehmen wird, für unsere gesamte Arbeit sehr große Bedeutung gewinnt. Bei der Ausarbeitung z. B. der Prognose über die Entwicklung des Lebensstandards und des Arbeitszeitfonds sind derartige Einschätzungen unumgänglich.

Welche Aufgaben stehen nun unmittelbar vor der Staatlichen Plankommission? Mit der weiteren Durchsetzung des neuen ökonomischen Systems der Planung und Leitung, womit sich die Verantwortung der Ministerien, VVB und Betriebe für die Wirtschaftstätigkeit ihrer Verantwortungsbereiche zunehmend erhöht, wandelt sich der Charakter der staatlichen Vorgaben. Die Staatliche Plankommission gibt nur noch wenige tempo-, niveau- und strukturbestimmende Aufgaben und einige wichtige Kennziffern für die gesamte Volkswirtschaft vor.

Es ist in diesem Rahmen nicht möglich, für die Forschungsprogramme der Ministerien zu Problemen der Entwicklung der Frauen und Mädchen sehr detaillierte Aufgabenstellungen vorzugeben. Um dennoch zu einer einheitlichen Orientierung zu kommen, gibt es folgende Möglichkeiten:

1. Forschungsaufgaben, die im Rahmen der Staatsplankomplexe Wissenschaft und Technik durchgeführt werden, sind Bestandteil der staatlichen Vorgabe und werden im Rahmen des Gesamtplanes des Ministeriums verteidigt. Das wäre natürlich nur ein Bruchteil der insgesamt zu lösenden Aufgaben.

2. Ausgehend von den vom Beirat festgelegten Themenkomplexen - aus denen sich Aufgaben für den Jahresplan und auch für den Perspektivplan ableiten lassen - erfolgt eine Orientierung der verantwortlichen Ministerien, diese Aufgaben in ihren Forschungsplan aufzunehmen.

Für die Vorhaben, die dazu im Jahre 1968 in den einzelnen Ministerien gelöst werden müssen, ist dem Beirat die Aufgabenstellung zu übergeben. Dieser erarbeitet danach das Forschungsprogramm, das bei der Staatlichen Plankommission zusammen mit dem Plan der Deutschen Akademie der Wissenschaften verteidigt wird.

Es kommt jetzt darauf an, durch ein aktives Einwirken des Beirates zu gewährleisten, daß die Aufgaben erfüllt werden. Außerdem bedarf es dazu einer wirksamen Kontrolle. Geklärt werden müssen dabei solche Probleme, wie

Unterstützung bei der Herstellung von Vertragsbeziehungen zwischen einzelnen wissenschaftlichen Einrichtungen,

Verallgemeinerung der Erfahrungen, über die die einzelnen Ministerien verfügen, sowohl vom Inhalt her als auch Leitungs- und Planungsmethoden betreffend, und

Erarbeitung von Vorstellungen über die Entwicklung des notwendigen Forschungs- und Entwicklungspotentials.

Wichtig erscheint mir in diesem Zusammenhang insbesondere folgendes: Es wird nicht möglich sein, daß der Beirat die Durchführung der Arbeiten in der ganzen Breite kontrolliert und beeinflußt. Die Erfahrungen, die wir beim Plan Wissenschaft und Technik sammeln konnten, zeigen: Ein solches Organ, wie es der Beirat ist, kann nur durch die Konzentration auf Schwerpunkte wirksam werden. Man muß Konzentrationspunkte in bestimmten Ministerien bzw. wissenschaftlichen Einrichtungen schaffen und durchsetzen, daß die Durchführung der Hauptaufgaben allseitig (Kader, Geld usw.) gesichert wird. Ausgehend von den dabei auftretenden Problemen lassen sich dann verallgemeinerungsfähige Ergebnisse für die gesamte Arbeit ableiten.

ANMERKUNG

1 Vgl.: Gesetzblatt der Deutschen Demokratischen Republik, Teil II, Nr. 121 v. 7. 11. 1966, S. 777.

HEINZ KALLABIS (Bernau)

Es gibt keine besondere Frauenfrage

Es wurde und wird bei uns viel von den besonderen Aufgaben zur Förderung der Frau, von der Beachtung der Besonderheiten der Frau usw. gesprochen. Das ist insofern richtig, als damit die besonderen Anstrengungen gemeint sind, anders gesagt der gesellschaftliche "Nachholebedarf", der sich notwendig zur Überwindung der Folgen der Entwicklung der kapitalistischen Klassengesellschaft für die gesellschaftliche Stellung und Entwicklung der Frau ergibt. Aber wir finden auch eine andere Auffassung dieses "Besonderen". Nicht selten wird von Besonderheiten der Frau, von besonderen Maßnahmen für die Frau gesprochen, weil im Grunde die spezifische Stellung der Männer in der Gesellschaft, ihre speziellen Bedingungen usw. als allgemeine Norm betrachtet werden. Hier äußert sich - nicht immer gleich sichtbar, doch spürbar - ein ideologisches Überbleibsel der Vergangenheit, der antagonistischen Klassengesellschaft, in der mehr oder weniger die offizielle Gesellschaft die Gesellschaft der Männer war. Jahrhundertelang waren Technik, Wissenschaft, Politik, Bildung und Kultur Geschäft der Männer. Zwar hat der Kapitalismus massenhaft Frauen in die industrielle Produktion eingeführt, aber dennoch blieb und bleibt der Frau dort eine untergeordnete Stellung zugewiesen.

Die sozialistische Gesellschaft ist keine Gesellschaft der Männer; die Arbeiterklasse ist keine Männerklasse. Die gesellschaftliche Entwicklung des Sozialismus und die Führung dieser Gesellschaft durch die Arbeiterklasse wird notwendig in gleicher Weise von Männern und Frauen getragen. Dennoch zeigt sich in der Praxis (und das ist vielfach nachzuweisen), daß bei der Entwicklung der Technik, in der Planung verschiedener Lebensbereiche, im Arbeitsstil und in der Arbeitsorganisation gesellschaftlicher Leitungsorgane, bei der Durchführung von Bildungs- und Qualifizierungsmaßnahmen u. a. m. die spezifischen Bedingungen der Männer als allgemeine Norm genommen werden. Die "Besonderheiten" der Frau sollen dann durch "zusätzliche" Maßnahmen berücksichtigt werden. Hier wird die eigentliche gesellschaftliche Aufgabe der gleichberechtigten Entwicklung aller Gesellschaftsmitglieder verzerrt. Es wirkt irgendwie anachronistisch, wenn z. B. bei der beruflichen Weiterbildung in Betrieben, die ausschließlich oder überwiegend Frauen beschäftigen, Planung und Organisation entsprechend den Normen der Männer erfolgen und dann in speziellen Frauenförderungsplänen besondere Maßnahmen für die weiblichen Beschäftigten festgelegt werden. Die spezifischen Bedingungen der werktätigen Frauen müßten doch gerade in solchen Betrieben die wesentliche Grundlage der Planung und Organisation der Arbeit bilden.

Ähnliche Probleme gibt es auch in anderen Bereichen des gesellschaftlichen Lebens. Ich glaube, daß auch in der Volksbildung nicht genügend berücksichtigt wird, daß heute vorwiegend Frauen als Lehrer tätig sind. Damit werden die Bedingungen der Planung und Organisation dieser Arbeit gegenüber der Vergangenheit durch neue Faktoren beeinflußt.

Natürlich sind Männer und Frauen nicht nur biologisch voneinander unterschieden, sondern es gibt, davon ausgehend, im Resultat der bisherigen sozialen Entwicklung eine Summe sozialer Unterschiede zu berücksichtigen. Das bedeutet aber für die Gesellschaft, daß weder die Spezifik der Frauen noch die Spezifik der Männer als allgemeine gesellschaftliche Norm betrachtet werden kann, sondern daß das Allgemeine die Spezifik beider Geschlechter umfassen muß.

Eine zweite Bemerkung: Die Vollendung des sozialistischen Aufbaus und die Meisterung der wissenschaftlich-technischen Revolution erfordern ein stets höheres Niveau der führenden Rolle der Arbeiterklasse, die ständige Entwicklung ihrer gesellschaftlichen Potenzen. Dabei vollzieht sich notwendig ein Strukturwandel in der Arbeiterklasse sowohl hinsichtlich ihres technisch-kulturellen Niveaus als auch ihrer Befähigung zur bewußten, aktiven Gestaltung und Leitung der eigenen gesellschaftlichen Verhältnisse.

Gegenwärtig bilden Frauen den Hauptteil der ungelernten und angelernten Beschäftigten in der Industrie. Trotz aller Fortschritte, die wir beim Einbeziehen der Frauen in die Leitung des gesellschaftlichen Lebens erreicht haben, ist hier praktisch immer noch ein Zurückbleiben zu verzeichnen. Meines Erachtens ist es notwendig, in allen Bereichen der Gesellschaft und auf allen Ebenen der gesellschaftlichen Leitung Klarheit darüber zu schaffen, daß die Arbeiterklasse nur dann, wenn die Potenzen der Frauen ebenso wie die der Männer umfassend entwickelt werden, ihre gesellschaftliche Rolle allseitig verwirklichen kann. Bei allen gesellschaftlichen Aufgaben gibt es folglich keine besondere Frauenfrage.

Eine dritte Bemerkung: Daß Frauen noch nicht in ausreichendem Maße leitende gesellschaftliche Funktionen ausüben, wird meines Erachtens vor allem durch folgende Faktoren bedingt:

erstens durch die unterschiedliche Bildungs- und Qualifikationsstruktur der Männer und Frauen;

zweitens durch die besonderen Anforderungen, die an die Frau als Mutter gestellt werden, was unter den gegebenen sozialen Bedingungen zu besonderen Belastungen führt;

drittens durch ideologische Faktoren.
Nach wie vor ist festzustellen, daß es Vorbehalte gegen den Einsatz befähigter Frauen und Mädchen in leitende Funktionen gibt. Soziologische Untersuchungen zeigen, daß bei gleicher Qualifikation männliche Mitarbeiter eher in verantwortliche Positionen befördert werden als Frauen und Mädchen. Zum anderen gibt es auch bei den Frauen ideologische Vorbehalte. Aus Rücksicht auf den Ehepartner scheut sich die eine oder andere Frau, eine größere Verantwortung, eine höhere gesellschaftliche Position einzunehmen als ihr Mann;

viertens sind die Organisation der Arbeit und der Arbeitsstil in leitenden Funktionen oft noch sehr unrationell und belastend, so daß es Frauen nur unter extremen Belastungen möglich wäre, derartige Funktionen auszuüben.

Mir erscheint es notwendig, daß Wissenschaftler und Praktiker gemeinsam darauf einwirken, diese hemmenden Faktoren aus dem Wege zu räumen. Die volle Gleichberechtigung der Frau ist nur dann verwirklicht, wenn sie auch auf allen Ebenen des gesellschaftlichen Lebens in gleicher Weise wie der Mann mitentscheidend wirksam werden kann. Das ist eine wesentliche Seite der Aufhebung der überkommenen gesellschaftlichen Arbeitsteilung, die sich auch als bestimmte Arbeitsteilung zwischen Mann und Frau darstellt. Diese Arbeitsteilung hat ihren sozial-ökonomischen, politischen, produktionstechnischen und biologisch-sozialen Aspekt.

Beim Aufbau des entwickelten gesellschaftlichen Systems des Sozialismus und bei der Meisterung der wissenschaftlich-technischen Revolution ist die Möglichkeit und Notwendigkeit gegeben, die ungerechtfertigten unterschiedlichen Bedingungen für Mann und Frau zu überwinden, um gleichzeitig optimale Bedingungen für die spezifische, bio-soziale Funktion der Frau zu schaffen.

Eine vierte Bemerkung: Karl Marx wies bereits vor mehr als hundert Jahren darauf hin, daß die Reproduktion des gesellschaftlichen Lebens zwei wesentliche Seiten hat: die materielle Produktion der Lebensmittel und die Reproduktion des menschlichen Lebens selbst. Unsere Gesellschaft, die die allseitige Entwicklung der sozialistischen Persönlichkeit als ihr wesentliches Ziel anstrebt, betrachtet daher die Entwicklung der gesellschaftlichen Produktivität der Arbeit und die Entwicklung einer körperlich und geistig gesunden jungen Generation als untrennbare gesellschaftliche Aufgabe. Dabei kommt der Frau eine besondere Rolle zu. Ihre biologische Funktion weist ihr auch eine besondere soziale erzieherische Funktion zu, vor allem bei der Entwicklung des Kleinkindes. Gemäß ihren Möglichkeiten muß die Gesellschaft gerade dafür optimale Bedingungen schaffen. Mir scheint es angebracht, daß stärker als bisher das gesellschaftliche Bewußtsein, die gesellschaftlichen Normen der sozialistischen Persönlichkeit schon bei der Jugenderziehung so entwickelt werden, daß beide sozialen Verpflichtungen, sowohl die schöpferische Arbeit als auch die Verantwortung für die Entwicklung und Erziehung der neuen Generation, erfüllt werden können.

Es ist auch unerläßlich, Tendenzen einseitiger Leitbilder und Verhaltensorientierungen zu überwinden, die die persönliche und soziale Verantwortung für die Entwicklung der Kinder nicht genügend beachten. Mir erscheint notwendig, daß unsere Gesellschaft künftig die wachsenden materiellen Möglichkeiten vor allem dazu nutzt, für die Mutter Zeit zu schaffen, damit sie das Kind besonders im ersten und zweiten Lebensjahr betreuen und erziehen kann. Diese Zeit würde auch ihrer physisch-psychischen Reproduktion dienen. Die Aufgabe ist natürlich nicht allein dadurch gelöst, daß solche materiellen und zeitlichen Möglichkeiten geschaffen werden. Zugleich ist eine systematische, die ganze Gesellschaft erfassende Vermittlung pädagogisch-psychologischer Kenntnisse und Fähigkeiten notwendig, die eine zielstrebige Betreuung und Entwicklung der Kinder sichern. Es muß auch der Widerspruch gelöst werden, der besonders für die Frauen zwischer ihrer bio-sozialen Funktion und den Möglichkeiten ihrer Entwicklung, nicht allein der beruflichen, besteht. Das könnte dadurch geschehen, daß für Mütter, die zeitweilig aus dem Arbeitsprozeß wegen der Geburt und der Betreuung eines Kleinkindes ausscheiden, spezielle Möglichkeiten und Formen geschaffen werden, die es ihnen ermöglichen, sich auf beruflichem Gebiet weiterzubilden. Wie gesagt, ich halte diese Fragen für notwendige perspektivische Orientierungen, die gemäß unserer jeweiligen ökonomischen Möglichkeiten verwirklicht werden sollten.

Der Auftrag an die Wissenschaftler, die Grundprobleme des entwickelten gesellschaftlichen Systems des Sozialismus wissenschaftlich zu lösen, ist zu einem wesentlichen Teil der Auftrag zur Lösung der vorgenannten Aufgaben. Dieser Auftrag kann nicht erfüllt werden, wenn in der Wissenschaft die Probleme der Frau nur als besondere Angelegenheit einzelner Spezialisten betrachtet werden; vielmehr müssen diese Probleme bei allen wesentlichen wissenschaftlichen und praktischen Fragestellungen und Arbeiten gebührend berücksichtigt werden.

ERHARD ZIMMER (Berlin)

Die Frau in der technischen Revolution und die Aufgaben der Forschung

Ausgehend von der Tatsache, daß die Industriezweige des Ministeriums für Elektrotechnik und Elektronik eine große Verantwortung für das Tempo und die Qualität bei der Meisterung der technischen Revolution tragen, ferner berücksichtigend, daß der Anteil der Frauen an der Gesamtbeschäftigtenzahl in unserem Wirtschaftszweig 43,4 % beträgt, wird verständlich, warum der Ministerrat unserer Arbeit zur weiteren Entwicklung und Förderung der Frauen größte Beachtung schenkt.

Ausgangspunkt zur Konzipierung des Forschungsprogrammes für den Verantwortungsbereich unseres Ministeriums war eine Analyse der bisherigen Arbeit auf diesem Gebiet. Sie zeigte, daß in den vergangenen Jahren zahlreiche Betriebe und Industriezweige auf einzelnen Gebieten eine zielstrebige Arbeit geleistet haben und teilweise beachtliche Ergebnisse erreicht wurden. Das betrifft zum Beispiel die Erhöhung des Anteils von Mädchen und Frauen in technischen Berufen, das Erkennen und Beseitigen von Ursachen zur Minderung der Fluktuation, die Hebung des Qualifikationsniveaus, insbesondere bei den ungelernten und angelernten weiblichen Beschäftigten zum Facharbeiter; und das betrifft zum Teil auch die Entwicklung der Frauen für mittlere und leitende Funktionen.

Schon im Herbst 1963 hat z. B. die VVB Elektroprojektierung und Anlagenbau begonnen, den Anteil von Frauen in der stationären Fertigung der Starkstrom-Anlagenbau-Betriebe zu erhöhen. Das geschah nach einer vom Generaldirektor der VVB bestätigten Konzeption. Studien des Zentralen Entwicklungs- und Konstruktionsbüros der VVB zum Thema "Anforderungen an Arbeitsplätze für Frauen" erleichterten es den Betrieben, die Weisungen des Generaldirektors qualifiziert umzusetzen. Auf diese Weise gelang es, den Anteil der Frauen in der stationären Fertigung im Zeitraum eines Jahres um 9 % und den Anteil der weiblichen Facharbeiter in diesem Bereich um 25 % zu verbessern. 1970 soll der Anteil der Frauen in der stationären Fertigung 50 % betragen.

Entsprechend den Beschlüssen zur Entwicklung und Förderung der Frauen und Mädchen hat sich in den Industriezweigen des Ministeriums immer breiter der Aufbau von Frauensonderklassen für die Ausbildung zu Facharbeitern, Meistern und Ingenieuren durchgesetzt. Dabei werden solche Frauen gewonnen, die in der Produktion hervorragende Leistungen vollbringen und die in ihrer Weiterbildung aufgrund ihrer familiären und sozialen Bedingungen besonderer Unterstützung bedürfen. Vor allem die in den Schwerpunktbetrieben eingeführten Sonderklassen zur Ingenieurausbildung für Frauen haben sich als sehr zweckmäßig erwiesen; z. B. im Halbleiterwerk Frankfurt (Oder), im Fernmeldewerk Arnstadt, im Fernmeldewerk Berlin. Mit dieser Ausbildungsform wurden Voraussetzungen geschaffen, lebenserfahrene Frauen schnell für Leitungsfunktionen zu entwickeln. Zur Zeit werden etwa 200 Frauen ausgebildet.

Unsere Analyse hat aber auch ergeben, daß das Tempo für den Bereich des Ministeriums insgesamt nicht befriedigt. Die Analyse vermittelt vor allem vier Erkenntnisse:

Die Wirksamkeit, mit der Partei- und Ministerratsbeschlüsse verwirklicht wurden, war sehr stark von den subjektiven Auffassungen der jeweiligen Leiter abhängig. Dort, wo der Sinn und Zweck dieser Beschlüsse erkannt und dementsprechend in der Leitungsarbeit verfahren wurde, sind Fortschritte erzielt worden.

Die Arbeiten, die bisher auf diesem Gebiet begonnen wurden, blieben meist bei der Analyse und beim Herausarbeiten der Schlußfolgerungen stehen. Es fehlte die Konsequenz, gewonnene Erkenntnisse zielstrebig in der Planungs- und Leitungsarbeit zu verwirklichen.

Es gab keine ausreichende komplexe Zusammenarbeit der Kräfte der Industrie mit den dafür geeigneten wissenschaftlichen Einrichtungen der DDR. Das minderte die Nutzung der bereits vorhandenen wissenschaftlichen Erkenntnisse und die Wissenschaftlichkeit der Arbeit der Industrie.

Die einzelnen Untersuchungen waren ungenügend mit der Perspektivarbeit der Betriebe und Zweige verbunden.

Diese Erkenntnisse bestimmten wesentlich unsere Tätigkeit, als wir etwa Mitte des vergangenen Jahres begannen, das Forschungsprogramm auszuarbeiten. Damals herrschte noch die Ansicht vor, die Abteilung Kader und Bildung des Ministeriums könne diese Problematik sozusagen im Alleingang, neben den anderen Aufgaben, lösen. Erst der Entscheid, unser Forschungsprogramm dem Ministerrat zur Bestätigung vorzulegen, zwang uns zu gründlicheren Überlegungen.

Wichtig war die Entscheidung des Ministers, für die Entwicklung und Realisierung des Forschungsprogramms eine zentrale Arbeitsgruppe zu bilden, in der unter Leitung eines Stellvertreters des Ministers alle Abteilungsleiter des Ministeriums mitarbeiten. Erst beim Ausarbeiten des Forschungsprogramms reifte die Erkenntnis, daß wir damit wissenschaftliche Grundlagen schaffen, um den sozialistischen Reproduktionsprozeß als gesellschaftlichen Gesamtprozeß besser erfassen zu können, zumal wir die Forschung zu Problemen der Entwicklung und Förderung der Frauen und Mädchen eng mit der Arbeit am Perspektivplan, an der Rationalisierungskonzeption und an der Prognose verbunden haben.

Darin sahen wir auch das Neue im Beschluß des Ministerrates vom 20. Oktober 1966[1]. Weil wir die Zusammenhänge zuvor nicht gebührend berücksichtigt haben, sind wir nach meiner Meinung in den vergangenen Jahren trotz guter Beschlüsse nicht genügend vorangekommen. Dabei wurde uns auch bewußt, daß wir bei der Prognose von Naturwissenschaft und Technik nicht stehenbleiben dürfen, sondern mit der gleichen Gründlichkeit auch die Produktivkraft Mensch in die Entwicklung einbeziehen müssen. Das ist eine große komplexe gesellschaftliche Aufgabe, zu deren Lösung die Kräfte und das Wissen aus dem gesamten Verantwortungsbereich des Ministeriums und anderer wissenschaftlicher Organe und Einrichtungen genutzt werden müssen. Das erfordert auch eine straffe Leitung und Kontrolle.

Zu dieser Erkenntnis haben nicht unwesentlich die gründliche Auswertung der bisherigen Arbeit zum Forschungsprogramm des Beirats "Die Frau in der sozialistischen Gesellschaft" und die Diskussion unserer Probleme in sachkundigen Gremien der Industriezweige beigetragen. Die Schlußfolgerungen haben bei der Arbeit am Perspektivplan, bei der Vervollkommnung der Rationalisierungskonzeption und der Prognosearbeit sowie bei Strukturentscheidungen festere Formen und Gestalt angenommen. Ohne die Position einer kontrollfähigen Bindung zu unserem Programm zu verlassen, werden wir auch das Forschungsprogramm ständig der Dynamik der technischen Entwicklung und den neuesten Erkenntnissen anpassen.

Aus dem bisher Gesagten ergibt sich nur eine Konsequenz, daß unser Forschungsprogramm mit dem Hauptabschnitt "Erfordernisse aus der wissenschaftlich-technischen Perspektive des Industriebereiches unter dem besonderen Aspekt der komplexen sozialistischen Rationalisierung" beginnt. Wir haben hier aus der absehbaren wissenschaftlich-technischen Entwicklung der strukturbestimmenden Techniken wie den Bauelementen, insbesondere der Mikroelektronik, wie der Entwicklung und Anwendung der elektronischen Datenverarbeitung, wie dem wissenschaftlichen Gerätebau und dem BMSR- und Starkstrom-Anlagenbau die neuen Anforderungen an die Facharbeiter, an die Hoch- und Fachschulkader und an die Leitungstätigkeit abgeleitet. Wir haben versucht, dabei der besonderen Bedeutung und Verantwortung unserer Industriezweige zu entsprechen, die sie im Prozeß der Meisterung der technischen Revolution haben. Gerade in unseren wichtigsten Industriezweigen setzen sich in hohem Tempo die Erkenntnisse der Produktivkraft Wissenschaft unmittelbar in neue Techniken und Technologien um und stellen damit neue Anforderungen an das Wissen und die beruflichen Fertigkeiten unserer Menschen. Beispielsweise wird in der Herstellung von Anlagen und Geräten von der Verwendung einzelner Bauelemente auf

Leiterplatten zur Verwendung von Bausteinen in Dünnschicht-Hybridtechnik und Festkörperschaltkreise übergegangen. An die Stelle der Löt- und Schraubverbindungen treten Wickeltechnik und Steckverbindung. Die bisherige Handarbeit in den elektronischen Betrieben wird abgelöst durch Bestückungsautomaten.

Diese und andere Fortschritte in der Technik bedingen Veränderungen in der Qualifizierung, den Übergang von der Berufsausbildung des Elektromonteurs auf Berufe der Elektronik und der Regelungstechnik. Eine Strukturentscheidung im Funkwerk Erfurt, von der Elektronen-Röhrenproduktion zur Diodenfertigung auf Siliziumbasis überzugehen, verlangte beispielsweise die berufliche Umprofilierung der Belegschaft ganzer Produktionsabschnitte, in denen vorwiegend Frauen arbeiten. Die technische Revolution, die es ermöglicht, besser als zuvor Frauen und Mädchen einzusetzen, wird uns in immer kürzeren Abständen zu solchen Entscheidungen zwingen und stellt in hohem Tempo ständig neue Forderungen. Das verlangt ein dynamisches Bildungssystem von hohem Niveau, damit der notwendige Bildungsvorlauf gesichert werden kann.

Gemäß den Erfordernissen der wissenschaftlich-technischen Entwicklung und der vorgesehenen Entwicklung der weiblichen Beschäftigten im Bereich des Ministeriums für den Perspektivzeitraum bis 1970 konzentriert sich unser Forschungsplan auf folgende 4 Komplexe:

Erfordernisse, die sich aus der Umstellung auf neue Berufs- und Qualifikationsstruktur ergeben;
Probleme, die mit dem erhöhten Einsatz von Frauen in mittleren und leitenden Funktionen zu lösen sind;
Erfordernisse zur Einbeziehung von Frauen in das Berufsleben und zur Einschränkung der Fluktuation;
Fragen der Leitungstätigkeit bei der Qualifizierung und Förderung der Frauen.

Ausgehend von diesen Komplexen wurden nach einer Beratung mit den Direktoren für Kader und Bildung der VVB die daraus abzuleitenden Einzelthemen vom Minister als Aufgabenstellung für den Plan 1967 an die Generaldirektoren übergeben. Namentlich den Themen, die sich mit Problemen der Rationalisierung beschäftigen, messen wir ein solches Gewicht bei, daß der Minister sich verantwortlich um sie bemüht und den Fortgang der Arbeiten kontrolliert. Es wurde gesichert, daß in jeder VVB ein Stellvertreter des Generaldirektors die Arbeiten leitet, um die Teilthemen als Bestandteil des Planes 1967 durchzuführen. Eine Arbeitsgruppe unterstützt und berät ihn dabei. Um die Aufgaben abrechenbar zu gestalten, legen die VVB auf der Grundlage des vorgegebenen Themas ein Programm mit Terminablauf und den Verantwortlichen fest; es wird vom Minister bestätigt.

Wir sind uns darüber im klaren, daß der schwierigste Teil der Arbeit erst beginnt. Wir glauben aber, daß wir auf diese Art und Weise zielstrebiger als in der Vergangenheit die wissenschaftlichen Grundlagen für richtige Führungsentscheidungen erarbeiten und vor allem durch eine richtige Leitung die gewonnenen Erkenntnisse schon jetzt unmittelbar umsetzen können.

Abschließend noch einige Bemerkungen über die Arbeitsgruppen in den VVB. Wir haben uns bemüht - allerdings mit unterschiedlichem Erfolg -, daß in diesen Gruppen erfahrene Leiter und Mitarbeiter mit Hochschulbildung auf den Gebieten der Technik, Ökonomie, Pädagogik, Psychologie, Soziologie und Gesellschaftswissenschaften wirkliche Gemeinschaftsarbeit leisten. Hier wirken die Vertreter aus VVB, Betrieben und Instituten sowie anderen Institutionen wie Hoch- und Fachschulen zusammen, wobei sie sich auf geeignete Fachkräfte aus den Betrieben stützen, die untersucht werden. Ideal für die Durchführung des Forschungsprogramms wären ohne Frage themengebundene Arbeitsgruppen, die hauptamtlich arbeiten. Die Aufgabe neben einer Reihe anderer Verpflichtungen zu lösen, das verlangt eine besonders straffe Leitung und politisch-ideologische Klarheit; das Anliegen erfordert, dafür solche Menschen zu gewinnen, die an guten Ergebnissen interessiert sind.

ANMERKUNG

1 Vgl.: Gesetzblatt der Deutschen Demokratischen Repbulik, Teil II, Nr. 121 v. 7. 11. 1966, S. 777.

ERWIN KARG (Berlin)

Zeitgewinn in der Hausarbeit

Im Bereich des Ministeriums für Bezirksgeleitete Industrie und Lebensmittelindustrie - dazu gehören die Nahrungs- und Genußmittelindustrie, die bezirksgeleitete Industrie und die örtliche Versorgungswirtschaft - betrug 1966 der Anteil der weiblichen Beschäftigten an den Gesamtbeschäftigten 46,4 %. Das sind rund 376.100 Frauen und Mädchen. Im Bereich der Dienstleistungen, der Gegenstand meiner Ausführungen sein soll, beträgt der Anteil der weiblichen Beschäftigten an den Gesamtbeschäftigten im Textilreinigungswesen sogar 85,3 %.

Vor uns steht deshalb die Aufgabe, speziell die Probleme der Frauen, die in unserem Bereich tätig sind, stärker als bisher in den wissenschaftlichen Untersuchungen zur komplexen sozialistischen Rationalisierung zu berücksichtigen. Vordringlich geht es dabei um Arbeitserleichterung, Qualifizierung, Vorbereitung auf neue Tätigkeiten und verstärkten Einsatz in mittleren und leitenden Funktionen. In einem vom Minister bestätigten Programm über die weitere Forschung zu Problemen der Entwicklung und Förderung der Frauen und Mädchen in der bezirksgeleiteten Industrie, Lebensmittelindustrie und örtlichen Versorgungswirtschaft wurden Generaldirektoren der VVB, Direktoren von Instituten und anderen wissenschaftlichen Einrichtungen für die Lösung solcher Aufgaben verantwortlich gemacht.

Bei den Aufgaben unseres Forschungsprogrammes sind wir davon ausgegangen, daß die technische Revolution den Arbeitsprozeß so grundlegend ändert, daß die Frauen und Mädchen mehr denn je angehalten werden, sich mit ihrer Stellung im Beruf und ihrer Perspektive auseinanderzusetzen; diese Erkenntnisse werden noch stärker als bisher in dem für 1968 auszuarbeitenden Forschungsplan des Ministeriums ihren Niederschlag finden müssen. Die Grundfragen, mit denen wir uns beschäftigen, widmen sich u. a. der örtlichen Versorgungswirtschaft, der Erleichterung der Hausarbeit, insbesondere der schrittweisen Industrialisierung und Technisierung bei Reparaturen und Dienstleistungen für die Bevölkerung. Die gesellschaftliche Bedeutung der Dienstleistungen besteht unter anderem darin, daß sie indirekt zu einem höheren Nationaleinkommen beitragen und den Werktätigen, insbesondere den Frauen, die sogenannte 2. Schicht, die Hausarbeit, spürbar erleichtern.

Die Reparaturen und Dienstleistungen für die Bevölkerung werden dabei immer bedeutsamer. Wäschereien, chemische Reinigung, Frei-Haus-Belieferung gewaschener und gereinigter Kleider- und Wäschestücke, Friseurleistungen und andere Dienstleistungen befriedigen nicht nur die Bedürfnisse der Menschen, sondern senken den Anteil der Arbeit im Haushalt wesentlich. Dr. Keck hat bereits gestern zur prognostischen Entwicklung hierzu ausführlich berichtet.

Innerhalb der hauswirtschaftlichen Dienstleistungen, die von Betrieben der örtlichen Versorgungswirtschaft erledigt werden, bilden die Leistungen der Textilreinigungsbetriebe einen besonderen Schwerpunkt. Deshalb konzentrierten sich die staatlichen Organe und die örtliche Versorgungswirtschaft besonders darauf, die Leistungen und die Qualität der Wäschereien und Chemisch-Reinigungen zu erhöhen. 1966 wurden je Einwohner der DDR 11,2 kg Wäsche für die Bevölkerung bearbeitet; umgerechnet ergibt sich daraus, daß wir 1966 für jede berufstätige Frau unserer Republik 51,3 kg Wäsche behandelt haben. Nach der Prognose werden sich die Gesamtwaschleistungen von 1965 bis 1980 auf 194,1 % erhöhen; dabei steigt die Position Haushaltsfertigwäsche auf 198,2 %. Das bedeutet, daß wir 1980 nahezu die doppelte Menge an Haushaltsfertigwäsche bearbeiten werden. Nach den Berechnungen des Instituts für Kommunalwirtschaft ist es dabei gegenüber der traditionellen Bearbeitung im Haushalt möglich, daß in einem 3-Personen-Haushalt jährlich etwa 250 Stunden

Hausarbeit gespart werden. Diese Stunden gewinnen die Frauen und ihre Familien für das gesellschaftliche Leben.

Daraus ergibt sich aber auch die Möglichkeit, weitere Arbeitskräfte zu werben. Gut funktionierende Dienstleistungsbetriebe haben bereits erreicht, daß viele dem Produktionsprozeß noch fernstehende Frauen eine berufliche Tätigkeit aufnahmen.

Aus der Prognose der wichtigsten Dienstleistungen für die Bevölkerung und der Entwicklung der kommunalen Dienste zu einem modernen Bereich der Volkswirtschaft wird ersichtlich, daß sich der Bestand an hochwertiger Haushaltstechnik im Zeitraum bis 1980 wesentlich erhöhen wird. Der Bestand an elektrischen Haushaltsgeräten z. B. wird sich fast verdreifachen. Durch eine bessere Qualität verringert sich die Störanfälligkeit; eine zweckmäßigere Konstruktion der Erzeugnisse, die auch rationelle Reparaturtechnologien erlaubt, trägt ebenfalls dazu bei, daß die Reparaturquote pro Erzeugnis sinkt und die Wartung vereinfacht wird.

Entsprechend diesen gesellschaftlichen Erfordernissen haben wir - beachtend, daß die Entwicklung der Frauen und Mädchen heute stärker denn je mit der Gesamtentwicklung verbunden ist - für den Verantwortungsbereich ein Forschungsprogramm ausgearbeitet, welches der Minister bestätigte. Das Programm umfaßt Themenkomplexe, die sich mit der Entwicklung und Förderung der Frauen in der technischen Revolution befassen, insbesondere bei der komplexen sozialistischen Rationalisierung in der Lebensmittelindustrie, bezirksgeleiteten Industrie und örtlichen Versorgungswirtschaft. Es werden z. B. Themen bearbeitet, die nach Wegen und Möglichkeiten suchen, in unserem Zweig mehr Frauen und Mädchen für mittlere und leitende Funktionen zu gewinnen. In einem weiteren Thema werden Ursachen und Entwicklungstendenzen der Teilbeschäftigung von Frauen und Mädchen analysiert. Die Teilbeschäftigung hat in den letzten Jahren insbesondere bei verheirateten Frauen stark zugenommen. Sowohl im gesellschaftlichen als auch im richtig verstandenen Interesse der einzelnen Frauen ist es notwendig, die Teilbeschäftigung auf jenen Fall zu beschränken, wo dies objektiv die einzige Variante für eine Berufstätigkeit der Frau darstellt. Um darauf im ganzen Verantwortungsbereich Einfluß nehmen zu können, haben wir begonnen, alle Aspekte der Teilbeschäftigung in der Wäscherei VEB Blütenweiß, Berlin, gründlich zu untersuchen.

Ein weiterer Themenkomplex widmet sich der schrittweisen Industrialisierung und Technisierung von Hausarbeiten. Dabei soll unter den Bedingungen des zunehmenden Tempos der gesellschaftlichen, naturwissenschaftlichen, technischen und ökonomischen Entwicklung die Forschungs- und Entwicklungsarbeit darauf konzentriert werden, die volkswirtschaftlich effektivsten Bedingungen für die Leitungs-, Organisations- und Kapazitätsstruktur unter Berücksichtigung der Dynamik des Bedarfs zu ermitteln. Dazu gehören u. a. folgende wichtige Probleme: optimale Verfahren in der Textilreinigung; der volkswirtschaftlich zulässige Aufwand für Reparaturleistungen in Abhängigkeit vom Aufwand für die Finalproduktion; Bedarfsforschung; rationelles Betriebssystem; Anwendung der elektronischen Datenverarbeitung.

Das Forschungszentrum für den Bereich der kommunalen Dienste ist das Institut für Kommunalwirtschaft. Entsprechend den Aufgaben ist vorgesehen, daß das Institut für den Bereich hauswirtschaftliche Dienstleistungen weiter profiliert wird. Andere wissenschaftliche Einrichtungen sollen dabei stärker als bisher eingeschaltet werden. Gegenwärtig wird z. B. die Tendenz der Gebrauchsgewohnheiten der Bevölkerung für Textilreinigungsleistungen und prognostische Entwicklung des Bevölkerungsbedarfs an Waschleistungen untersucht, ebenso deren Unterschiede. Besonders berücksichtigt werden dabei die Entwicklung pflegearmer Textilien und der Einsatz von Haushaltswaschmaschinen. Ein Ziel der Untersuchung besteht darin, den Ausbau der Kapazitäten und den Anfall an Textilreinigungsleistungen realer als bisher zu planen, damit die Bevölkerung erst recht in der 5-Tage-Arbeitswoche bedarfsgerecht versorgt werden kann.

Die hier genannten Entwicklungswege, der Stand der Arbeiten und die geplanten Aufgaben werden uns helfen, den Beschluß des Ministerrates vom 20. Oktober 1966 über die weitere Durchführung der Forschung zu Problemen der Entwicklung und Förderung der Frauen und Mädchen in der DDR[1] zu verwirklichen. Das wird sich auch in dem vom Ministerium für 1968 auszuarbeitenden Forschungsplan widerspiegeln, den wir mit dem Beirat "Die Frau in der sozialistischen Gesellschaft" und unter Mithilfe seiner Forschungsgruppe weiter präzisieren.

ANMERKUNG

1 Vgl.: Gesetzblatt der Deutschen Demokratischen Republik, Teil II, Nr. 121 v. 7. 11. 1966, S. 777.

ROLF MICHAELIS (Berlin)

Frauen - Führungskader in der VVB

Die Gesundheitspolitik unserer Republik und die pharmazeutische Industrie genießen hinsichtlich ihres Entwicklungsstandes in der Fürsorge, in der sozialen Betreuung und Gesunderhaltung der Menschen, hinsichtlich der Produktion und deren Qualität sowie der wissenschaftlichen Leistungen einen international anerkannten Ruf. Wenn man von den Leistungen der Werktätigen dieses Industriezweiges spricht, muß man erkennen, daß die Frauen, die 50,2 % der Gesamtbeschäftigtenzahl im Industriezweig ausmachen, nicht nur erheblichen Anteil an den Leistungen haben, sondern eine entscheidende Kraft darstellen.

Zur Lösung der perspektivischen Aufgaben ist es deshalb gerade in diesem Industriezweig unerläßlich, die gesellschaftliche Kraft der Frauen voll zu entfalten und zu nutzen. Die volle Verwirklichung der Gleichberechtigung der Frauen verlangt, daß alle Voraussetzungen geschaffen werden, damit sie mittlere und leitende Funktionen übernehmen können. Obwohl der Frauenanteil bei Führungsfunktionen in der pharmazeutischen Industrie bei rund 12 % liegt - ein Ergebnis, das den durchschnittlichen Frauenanteil in Führungsfunktionen der DDR übertrifft -, ist der derzeitige Stand noch ungenügend. Als Leiter des Industriezweiges ist es daher meine Aufgabe, über das Kaderperspektivprogramm systematisch und planmäßig darauf Einfluß zu nehmen, daß der Entwicklung von Frauen, vor allem für leitende Tätigkeiten, die gebührende Aufmerksamkeit geschenkt wird. In diesem Zusammenhang möchte ich einige Darlegungen insbesondere zu folgenden zwei Punkten machen:

1. Einige Ursachen für den noch unbefriedigenden Anteil der Frauen an Leitungsfunktionen im Industriezweig und gegenwärtig noch anzutreffende Argumente;
2. Wege und Methoden für eine systematische Verbesserung bei der Entwicklung von Frauen zu Leitungskadern.

In den drei größten Betrieben unseres Industriezweiges - VEB Jenapharm, VEB Berlin-Chemie und VEB Arzneimittelwerk Dresden - wurden Untersuchungen angestellt und zahlreiche Aussprachen durchgeführt, um Schlußfolgerungen für eine bessere Arbeit ziehen zu können.

Der Hauptmangel, der sich überall zeigt, besteht in der unplanmäßigen, nicht von den Entwicklungsbedingungen der Betriebe und des Industriezweiges ausgehenden ressortmäßigen und sporadischen Entwicklung weiblicher Hoch- und Fachschulkader zu Leitern. Die Ursache liegt in den noch vorhandenen ideologischen Unklarheiten bei männlichen Leitern über die Rolle der Frau in der sozialistischen Gesellschaft. Die Argumente der Männer sind vielfach nicht stichhaltig, sie gründen sich auf eine unzulässige Verallgemeinerung negativer Faktoren und stellen oft eine Kapitulation vor objektiven Hemmnissen dar. Diese Einstellung fördert die historisch bedingten Vorbehalte einiger Frauen gegenüber leitenden Funktionen. Bei der weiteren Entwicklung des Kaderperspektivplanes sind wir deshalb davon ausgegangen, daß die Rolle und Verantwortung des Leiters bei der Entwicklung von Frauen besonders ausschlaggebend ist.

Der verstärkte Einsatz von Frauen als Führungskader ist eine komplexe Führungsaufgabe, deren Lösung im wesentlichen davon bestimmt wird, wie es gelingt, die noch bei leitenden Kadern vorhandenen Unklarheiten über die Rolle der Frau in der sozialistischen Gesellschaft zu beseitigen. Die allseitige Entwicklung der Frau zur sozialistischen Persönlichkeit ist davon abhängig, wie die Möglichkeiten in der sozialistischen Gesellschaft genutzt werden, um Beruf, berufliche Entwicklung und familiäre Aufgaben zu vereinbaren. Dieser Grundsatz wird von einem Teil der Leiter formal anerkannt, aber in der täglichen Praxis nicht immer verwirklicht.

Zum ungenügenden Stand des Anteils der Frauen in leitenden Funktionen werden von den Leitern im wesentlichen folgende Argumente geäußert:

Erstens: Frauen besitzen die Fähigkeit, sind aber der Belastung eines Leiters nicht gewachsen oder nehmen sie nicht auf sich.

Zweitens: Frauen können die Funktion eines Leiters nicht ausfüllen, weil sie infolge der häuslichen Verhältnisse - vor allem bei Krankheit der Kinder - im Betrieb zu oft ausfallen.

Drittens: Verheiratete Frauen mit Kindern können die Aufgaben eines Leiters nicht meistern, wenn sie nicht durch einen "starken männlichen Stellvertreter" gestützt werden.

Diese Ansichten werden oft auch von Frauen vertreten, die glauben, einer verantwortlichen Funktion im Betrieb nicht gerecht werden zu können, weil sie öfter durch Krankheit der Kinder ausfallen und zu Hause keine Zeit finden, sich weiterzubilden. Das sind die wesentlichsten Argumente in kurzer, verallgemeinerter Form. Daß solche Meinungen nicht allgemeingültig sind, läßt sich schon dadurch beweisen, daß in den untersuchten Betrieben
40 % der weiblichen Hoch- und Fachschulkader, die für Leitungsfunktionen in Betracht kommen, ledig sind,
57 % der weiblichen Hoch- und Fachschulkader, die gleichfalls für Leitungsfunktionen möglich einsetzbar sind, keine Kinder haben.

Absolut falsch und der Frauenförderung abträglich ist die häufig vertretene Ansicht, daß eine weibliche Leiterin einen starken männlichen Stellvertreter braucht, um Ausfälle abzufangen. Diese Einstellung untergräbt bewußt oder unbewußt die Autorität und das Selbstbewußtsein der Frau und unterstützt faktisch jene, die von der natürlichen Überlegenheit des Mannes sprechen.

In der Argumentation vieler männlicher Leiter kommt nicht zum Ausdruck, daß die in verantwortlichen Funktionen eingesetzten Frauen überwiegend die gestellten Aufgaben mit Erfolg bewältigen. Im Gegenteil, Einzelbeispiele von Fehleinsätzen werden überbetont und damit der ungenügende Stand in der Entwicklung von Frauen für mittlere und leitende Funktionen gewissermaßen gerechtfertigt. Diese Praxis wirkt sich auf die Bereitschaft anderer Kolleginnen zur Übernahme einer leitenden Funktion ungünstig aus.

Man muß auch feststellen, daß in allen drei Betrieben Fehler und Mißerfolge von Frauen ungleich ausführlicher diskutiert wurden als die von Männern. Daraus erklärt sich die Ansicht einiger Frauen, daß ihre Leistungen mit einem schärferen Maßstab gemessen werden. Nicht selten vertreten Frauen den Standpunkt, daß eine Frau bei Übernahme einer verantwortungsvollen Funktion erst bewiesen haben muß, daß sie etwas kann, während bei Männern die geforderte Eignung vorausgesetzt wird. Teilweise wird dem, der die Entwicklung von Frauen fördert, hier unterstellt, daß männliche Kollegen, die sich bewährt haben, abgelöst werden sollen. Desgleichen ist es auch kurzsichtig und falsch, die Entwicklung von Frauen zu vernachlässigen, weil man glaubt, daß die Stellen im Betrieb qualitätsgerecht von jungen Männern eingenommen werden.

Diese Argumente offenbaren, daß die politisch-ideologische Arbeit der Leiter und auch der gesellschaftlichen Organisationen noch nicht wirkungsvoll genug war, um die subjektiven Hemmnisse beim Einsatz von Frauen in leitende Funktionen vollständig zu überwinden. Dadurch wurden die Belange der technischen Revolution und die Anforderungen an die Kaderentwicklung unterschätzt. Der Ausbau der Außenwirtschaftsbeziehungen sowie der Kaderbedarf unseres eigenen Industriezweiges wurden nicht genügend beachtet.

Was die Wege und Methoden betrifft, die zu einer systematischen Verbesserung auf dem Gebiet der Entwicklung von Frauen zu Leitungskadern führen, so gibt die Anordnung vom 7. Juli 1966[1] eine eindeutige Anleitung zum Handeln. Selbstverständlich muß sein, aber das ist noch nicht überall der Fall, daß jeder Leiter nach dieser Anordnung arbeitet.

Bei der Durchsetzung der Grundsätze für die Aus- und Weiterbildung von Frauen konzentrieren wir unsere weitere Arbeit auf die weiblichen Hoch- und Fachschulkader. Gegenwärtig beschäftigt die VVB Pharmazeutische Industrie 649 Hochschulkader, davon 128 Frauen (= 19,7 %) und 883 Fachschulkader, davon 186 Frauen (= 21,0 %). Beim Überarbeiten des

Kaderperspektivplanes haben wir uns die Aufgabe gestellt, bis 1970 planmäßig 40 neue weibliche Leitungskader zu entwickeln. Damit erhöht sich der Anteil der Frauen an leitenden Funktionen von 12,4 auf 20 %. Den drei wichtigsten Betrieben der VVB wird folgendes Ziel bis 1970 gegeben: Der VEB Arzneimittelwerk Dresden erhöht den gegenwärtigen Anteil an weiblichen Berufstätigen von 11,4 auf 20, der VEB Berlin-Chemie von 7,3 auf 16 und der VEB Jenapharm von 9,7 auf 22 Prozent. Schwerpunkt in der Arbeit dieser Betriebe ist die Entwicklung je eines weiblichen Kaders zum Werkleiter. Damit soll sich die Anzahl der Werkleiterinnen im Industriezweig ab 1970 auf 5 erhöhen.

In den einzelnen für die Industriezweigleitung und für die Betriebe verbindlichen Maßnahmen haben wir uns eng an die Grundsätze und Empfehlungen für die Aus- und Weiterbildung von Frauen angelehnt und danach für die Industriezweigleitung und die Werkleiter konkrete Aufgaben festgelegt. Die Kontrolle der Maßnahmen besorgen wir mittels der Netzwerkplanung. Abschließend möchte ich erwähnen, daß selbstverständlich die Führungsdokumente, angefangen vom Kaderperspektivplan über die Rationalisierungsprogramme und den Frauenförderungsplan, eine Einheit bilden müssen. Dabei haben die Leiter, in Übereinstimmung mit den gesellschaftlichen Organisationen, besonderes Augenmerk darauf zu richten, daß die politische Bildung der Frauen mit der fachlichen Qualifizierung Schritt hält.

ANMERKUNG

1 Anordnung über die Aus- und Weiterbildung von Frauen für technische Berufe und ihre Vorbereitung für den Einsatz in leitenden Tätigkeiten, in: Gesetzblatt der Deutschen Demokratischen Republik, Sonderdruck Nr. 545 v. 20. 8. 1966.

IRMA HERRMANN (Glauchau)

Ökonomische und arbeitsökonomische Probleme der Teilbeschäftigung

Als Vertreterin des Industriezweiges Bekleidung - des Zweiges, der mit 85,6 % den höchsten Anteil an weiblichen Beschäftigten hat - möchte ich einige Probleme zur Diskussion stellen, die besonders durch die Zunahme der Teiltagsbeschäftigung auftreten.

Im I. Quartal 1963 arbeiteten bei uns 86 Kolleginnen verkürzt, das waren 9,6 % der Gesamtbeschäftigten. Im I. Quartal 1967 waren es bereits 194 Kolleginnen oder 27,1 % der Betriebsangehörigen, die nicht voll arbeiteten. Eine von Studentinnen der Humboldt-Universität Berlin in unserem Betrieb, dem VEB Quintett-Moden, Glauchau, durchgeführte soziologische Untersuchung zeigt, aus welchen Gründen diese Frauen teiltagsbeschäftigt sind:

zur besseren Beaufsichtigung der Kinder oder anderer im Haushalt lebender Personen	47,5 %
aus gesundheitlichen Gründen	37,5 %
um einen Nebenverdienst zu haben	7,5 %
auf Wunsch des Ehemannes	5,0 %
aus sonstigen Gründen	2,5 %

Fast die Hälfte aller Teilbeschäftigten arbeitet wegen der Kinder verkürzt. Bemerkenswert ist dabei, daß 2,5 % dieser Kinder unter 3 Jahre, 15,0 % 3 bis 6 und 42,5 % 6 bis 12 Jahre alt sind. Die Kleinen können zum Teil nur in Kindergärten ohne Schlafplatz untergebracht werden. Bei dem hohen Anteil der Kinder von 6 bis 12 Jahren frage ich mich: Kann man davon eine direkte Beziehung zur gegenwärtigen Arbeit im Hort ableiten?

Im Gesetzbuch der Arbeit sieht der § 3 vor, daß den Frauen, die infolge familiärer Pflichten nicht ganztägig arbeiten können, die Möglichkeit geschaffen werden soll, durch Teilbeschäftigung ihr Recht auf Arbeit zu wahren.[1] Diese gesetzliche Festlegung sowie die steigende Tendenz der Teilbeschäftigung von Frauen erfordert meines Erachtens, daß einige Verordnungen diesem Tatbestand entsprechend überprüft werden müssen, so die Verordnung über die Bildung und Verwendung des Kultur- und Sozialfonds[2]

Der Kultur- und Sozialfonds wird durch Abführung von 1,5 % der geplanten Lohnsumme gebildet. Der Kultur- und Sozialfonds ist mit hohem Nutzen u. a. für die Kinderbetreuung zu verwenden. Wie bereits erwähnt, arbeiten etwa 50 % der Teilbeschäftigten der Kinder wegen verkürzt. Eine teilbeschäftigte Frau betreut bei uns im Durchschnitt 1,7 Kinder, eine vollbeschäftigte Kollegin nur 1,1 Kinder. Wenn nun z. B. der Durchschnittslohn einer vollbeschäftigten Arbeitskraft 4.800 MDN beträgt, so können 72 MDN je Arbeitskraft in diesen Fonds abgeführt werden. Von dieser Summe muß ein Kind im Ferienlager, zum Tag des Kindes usw. betreut werden. Auf zwei Halbtagsbeschäftigte entfällt auch ein Durchschnittslohn von 4.800 MDN. Die 72,-- MDN für den Kultur- und Sozialfonds müssen jetzt jedoch für 3,4 Kinder reichen, so daß auf ein Kind nur noch 21,-- MDN entfallen. Ich glaube nicht, daß die Kinder von teilbeschäftigten Kolleginnen anders betreut werden dürfen als die von vollbeschäftigten Frauen.

Ähnlich verhält es sich bei der Bildung des Betriebsprämienfonds.

Im Zusammenhang mit der Durchsetzung des Beschlusses über Grundsätze für die Einführung der Produktionsfondsabgabe in ausgewählten VVB der zentralgeleiteten volkseigenen Industrie[3] ergeben sich für mich auch einige Fragen. Die Produktionsfondsabgabe wird als ein fester Prozentsatz auf die produktiven Fonds erhoben. Ich möchte fragen, ob die ausgesprochenen Frauenbetriebe (die eben häufig einen gewissen Teil von Teilbeschäftigten haben) die produktiven Fonds in gleicher Weise wie die anderen Betriebe nutzen können. Aus der Praxis kommend, sage ich nein. Natürlich gibt es die Möglichkeit, daß Halbtagskräfte im Wechsel arbeiten, d. h. eine Kollegin von 8 bis 12 und eine andere von 12 bis 16 Uhr. Das ist jedoch nur bei einigen Frauen möglich. Alle anderen, die ihre Kinder betreuen und deshalb verkürzt arbeiten, verlassen mittags den Betrieb.

Mit gleichem Nachdruck muß jedoch ebenfalls erwähnt werden, daß die Beschäftigung von Teiltagskräften auch für die Betriebe arbeitsorganisatorische Probleme aufwirft. So besteht zur Zeit ein Widerspruch zwischen der Teilbeschäftigung und der Möglichkeit, Frauen in mittlere und leitende Funktionen einzusetzen. Da in diesen Funktionen Dienstreisen, Konferenzen usw. unumgänglich sind, lehnen die Frauen die Übernahme solcher Tätigkeiten ab. Analoge Probleme treten bei teilbeschäftigten Frauen in Verwaltung und Produktion auf. Die Tätigkeit einer teilbeschäftigten Schreibkraft verlangt z. B. vom jeweiligen Abteilungsleiter eine besondere, auf die Arbeitszeit der Sekretärin abgestimmte Organisation seiner Arbeit. Bei teilbeschäftigten Sachbearberinnen treten Schwierigkeiten in der Zeit des Monats-, Quartals- oder Jahresabschlusses auf, beispielsweise in der Statistik und in der Betriebsabrechnung.

Die produktionsorganisatorische Seite des Problems der Teilbeschäftigung haben wir durch die Schaffung von Halbtagsbändern weitgehend gelöst. Die gesamte Brigade arbeitet teiltags. Obwohl dabei die Maschinen weniger ausgelastet werden und sich der Umschlag der unvollendeten Produktion verlängert, ist bei uns gegenwärtig die Produktivität der Teilbeschäftigten je Stunde höher als die der Vollbeschäftigten, und die Ausfallzeiten liegen niedriger.

Zusammenfassend möchte ich nochmals sagen, daß Teilzeitbeschäftigung zwar im Einzelfall unumgänglich sein kann, daß jedoch die optimale Entwicklung der Frau im gesellschaftlichen und persönlichen Interesse objektiv nur durch die Vollbeschäftigung gegeben ist. Aus den genannten Gründen halte ich es für notwendig, daß wir uns mit den Konsequenzen, die sich aus der Teilbeschäftigung für die Volkswirtschaft, den Betrieb und die betreffenden Frauen ergeben, wissenschaftlich und praktisch auseinandersetzen.

ANMERKUNGEN

1 Gesetzbuch der Arbeit, Berlin, 1964, S. 24.

2 Vgl.: Gesetzblatt der Deutschen Demokratischen Republik, Teil II, Nr. 128 v. 24. 12. 1964, S. 1047 ff.

3 Vgl.: Gesetzblatt der Deutschen Demokratischen Republik, Teil II, Nr. 42 v. 25. 4. 1966, S. 261.

INGE HIEBLINGER (Halle)

Territoriale Zentren, ihre Aufgaben und ihre Arbeitsweise

Der Wissenschaftliche Beirat "Die Frau in der sozialistischen Gesellschaft" hat, wie bekannt, mehrere Arbeitskreise, Arbeitsgruppen und territoriale Zentren gegründet. Gestatten Sie mir, aus der bisherigen Arbeit des territorialen Zentrums Leipzig/Halle des Arbeitskreises I zu berichten und erste Gedanken darzulegen, wie wir uns die künftige Tätigkeit nach dem Ministerratsbeschluß über die weitere Durchführung der Forschung zu Problemen der Entwicklung und Förderung der Frauen und Mädchen in der DDR vom 20. Oktober 1966[1] vorstellen. Dabei konzentrieren wir uns besonders auf die berufliche Entwicklung der Mädchen und Probleme der Frauenqualifizierung, besonders in der chemischen Industrie.

Im territorialen Zentrum sind die wissenschaftlichen Kräfte zusammengeschlossen, die sich in den Bezirken Leipzig und Halle mit einem Thema dieses Forschungsschwerpunktes beschäftigen. Überwiegend handelt es sich dabei um wissenschaftliche Assistenten und Aspiranten. Sehr günstig auf unsere Beratungen hat sich die Tatsache ausgewirkt, daß dem Gremium auch erfahrene Praktiker angehören, die sich für diese Problematik sehr interessieren.

In unseren Zusammenkünften haben wir vornehmlich Forschungsergebnisse einzelner Mitglieder beraten. Sehr bald erwies sich: Es reicht nicht aus, allein das Endergebnis der Forschungen darzustellen. Auch die Methoden, mit deren Hilfe die Forschungsergebnisse erreicht wurden, müssen in die Diskussion einfließen. Im Prozeß unserer Tätigkeit zeigte sich, welch große Bedeutung die Anwendung richtiger und effektiver Methoden hat und wie wichtig es ist, beim Einschätzen der Verallgemeinerungsmöglichkeiten von Detailuntersuchungen usw. auch diese Seite zu beachten.

Darüber hinaus beschäftigte sich das territoriale Zentrum - natürlich auf der Grundlage von Untersuchungen seiner Mitglieder - speziell mit methodologischen Fragen. Um ein Bild davon zu vermitteln, seien aus unserer Arbeit drei Beratungsgegenstände genannt: Ergebnisse und Probleme soziologischer Studien über die Qualifizierung der weiblichen Jugend in der Industrie, Formen und Methoden der Frauenqualifizierung und einige methodologische Fragen der Untersuchung des Verhältnisses der Frauen zur Berufstätigkeit.

Unsere bisherigen Beratungen waren für alle Mitglieder eine gute Hilfe. Jeder wurde mit den Untersuchungsergebnissen und -methoden der anderen vertraut gemacht; jeder erhielt Anregungen für seine eigene Tätigkeit. Da hier Diplom-Gesellschaftswissenschaftler, Ökonomen, Philosophen, Soziologen, Juristen zusammenarbeiten, ist es möglich, die Probleme allseitig zu betrachten; anregend zugleich für das einzelne Mitglied, sein Forschungsthema komplex zu behandeln. Insgesamt kann man sagen: Der Aufgabe, die einzelnen auf dem betreffenden Forschungsgebiet tätigen Mitarbeiter zu betreuen, Beratungen zum Zwecke der Information über neue Ergebnisse und über Arbeitsmethoden zu führen sowie Vertreter verschiedener Fachdisziplinen zusammenzuführen, sind wir in etwa gerecht geworden.

In seiner bisherigen Tätigkeit war das territoriale Zentrum jedoch noch zu ausschließlich nach innen - auf die Hilfe der wissenschaftlichen Tätigkeit seiner Mitglieder - und noch zu wenig nach außen orientiert. Natürlich haben wir nicht nur nach innen gewirkt. Durch unsere Mitarbeit an den Thesen für das heutige Symposium haben wir, wie der Wissenschaftliche Beirat es generell für die Arbeitsgruppen eingeschätzt hat, "Einfluß genommen auf die Tätigkeit des Beirats als Ganzes". Weiter haben wir - auf Initiative des Amtes für Berufsbildung - in Form von Beratungen an der Ausarbeitung der "Anordnung über die Aus- und Weiterbildung von Frauen für technische Berufe und ihre Vorbereitung für den Einsatz in leitenden Tätigkeiten" vom 7. Juli 1966[2] teilgenommen. Diese Tätigkeit zeigt uns, daß unsere Möglichkeiten, nach außen Einfluß zu nehmen, größer und vielfältiger sind, als wir es bisher angenommen haben.

Die wichtigste Aufgabe besteht für uns darin, mit den für uns in Betracht kommenden zentralen staatlichen Organen zusammenzuarbeiten, um sowohl die Planung und Leitung der wissenschaftlichen Arbeit durch diese Organe als auch deren Durchführung zu beeinflussen. Ausgehend vom Forschungsschwerpunkt ergeben sich für das territoriale Zentrum Leipzig/ Halle zwei Verbindungslinien: einmal zum Amt für Berufsbildung, zum anderen zum Ministerium für chemische Industrie. Im ersten Falle geht es darum, die mit den Beratungen über die bereits genannte Anordnung geknüpfte Verbindung auszubauen. Der zweite Fall dürfte den Schwerpunkt unserer Praxisverbindung darstellen. Nach einer ersten Absprache mit dem Stellvertreter des Ministers für chemische Industrie, Herrn Grube, ist folgendes vorgesehen:

a) Das territoriale Zentrum wird durch ein Mitglied in der Beratungsgruppe beim Ministerium mitwirken. Diese Gruppe soll die Aufgabe haben, über Entwürfe von Forschungsprogrammen, grundsätzliche Einschätzungen der Aufgaben zur Frauenförderung im Bereich der chemischen Industrie usw. zu beraten.
b) Das territoriale Zentrum wird nicht nur zu dem vom Ministerium für chemische Industrie ausgearbeiteten Forschungsplan Stellung nehmen, sondern auch darauf einwirken, daß die einzelnen Mitglieder - auf der Grundlage der von ihnen behandelten Forschungsthematik - an den Forschungsvorhaben mitwirken.
c) Das territoriale Zentrum wird eine enge Zusammenarbeit mit dem Forschungsinstitut des Ministeriums für chemische Industrie organisieren.
d) Die grundsätzlichen Forschungsergebnisse, die wir, den Plan Wissenschaft und Technik des Ministeriums verwirklichend, auf dem Gebiet der Entwicklung und Förderung der Frauen gewinnen, werden gemeinsam diskutiert. Das gleiche gilt für die sich daraus ergebenden neuen Maßnahmen und Aufgaben.

Diese neuen Aufgaben erfordern eine höhere Stufe der Verbindung zur sozialistischen Praxis. Das engere und zielgerichtete Miteinander ermöglicht es den einzelnen Mitgliedern des territorialen Zentrums, zu tieferen wissenschaftlichen Erkenntnissen zu kommen und diese besser und schneller praxiswirksam werden zu lassen.

ANMERKUNGEN

1 Vgl.: Gesetzblatt der Deutschen Demokratischen Republik, Teil II, Nr. 121 v. 7. 11. 1966, S. 777/778.

2 In: Gesetzblatt der Deutschen Demokratischen Republik, Sonderdruck Nr. 545 v. 20. 8. 1966.

GERHARD REICHEL (Berlin)

Die Rolle der Frauen im einheitlichen Forschungsplan der Landwirtschaft

Die Entwicklung der Landwirtschaft und Nahrungsgüterwirtschaft vollzieht sich in den nächsten 15 bis 20 Jahren unter den Bedingungen der technischen Revolution. Dabei werden neben vielen anderen sich entwickelnden gesellschaftlichen und ökonomischen Beziehungen folgende Haupttendenzen typisch sein:

- die horizontale und vertikale Kooperation und die damit verbundene Herausbildung neuer gesellschaftlicher Beziehungen der Menschen bei der Erzeugung von Nahrungsmitteln mit hohen Gebrauchswerten bis zur Verarbeitung;
- die Erhöhung der Wirksamkeit der lebendigen und vergegenständlichten Arbeit;
- die komplexe Durchsetzung der industriemäßigen Organisation und Leitung in der Landwirtschaft und Nahrungsgüterwirtschaft.

Die sozialistischen Landwirtschaftsbetriebe werden sich auf die Erzeugung weniger Produkte spezialisieren. In der Pflanzen- und Tierproduktion entstehen größere Produktionseinheiten. Einige Zweige der Tierproduktion werden von der Pflanzenproduktion zunehmend unabhängiger. In den nächsten 10 bis 15 Jahren wird jedoch die überwiegende Mehrheit der Betriebe die Pflanzen- und Tierproduktion weiterhin beibehalten. Im Zuge der Konzentration und Spezialisierung auf kooperativer Basis werden sich zwischengenossenschaftliche Einrichtungen entwickeln, die selbst keine Bodennutzung betreiben. Das betrifft Baubetriebe für Produktionsbauten und Meliorationen, Betriebe für die Instandhaltung der Technik und für die spezialisierte Produktion bestimmter landwirtschaftlicher Erzeugnisse, wie Eier, Geflügel, Schweine und Jungrindermast. Ferner erhalten Betriebe, die landwirtschaftliche Erzeugnisse, besonders Obst, Gemüse und Kartoffeln, küchenfertig auf den Markt bringen, größere Bedeutung.

Das Kernstück der Entwicklung der sozialistischen Landwirtschaft und Nahrungsgüterwirtschaft ist der planmäßige und schrittweise Übergang zu industriemäßigen und teilweise auch industriellen Produktionsformen. Diese Veränderungen eröffnen für die Tätigkeit der Frauen und Mädchen in der sozialistischen Landwirtschaft neue Perspektiven. Diese wissenschaftlich zu erforschen ist eine wichtige Aufgabe der Institute der Deutschen Akademie der Landwirtschaftswissenschaften zu Berlin und der einschlägigen Universitäts- und Hochschulinstitute.

Unmittelbare Grundlage der Forschungsarbeit in den agrarwissenschaftlichen Einrichtungen bildet das vom Ministerrat unserer Republik beschlossene Programm zur Entwicklung der Frauen und Mädchen in der DDR. Dieses Programm wurde allen 10 Sektionen der DAL übergeben und in den einheitlichen Forschungsplan der Agrarwissenschaft für die Planperiode 1967 bis 1970 im Rahmen von 17 Komplexthemen aufgenommen.

Die Leiter der entsprechenden Komplexthemen, in denen Frauenprobleme einen besonderen Platz einnehmen, wurden für deren Bearbeitung verantwortlich gemacht. Dabei wurde davon ausgegangen, nicht gesonderte Teilthemen für Fragen der Frauen und Mädchen zu bestimmen, sondern sie im Rahmen von Teilthemen in ihrem organischen Zusammenhang mit dem jeweils zu untersuchenden Abschnitt des Produktionsablaufes zu erforschen. Ferner wurden die Leiter der Komplexthemen, wie im Beschluß des Ministerrates vom 20. Oktober 1966[1] festgelegt, aufgefordert, in den jährlichen Komplexthemenberichten über Fragen der Frauenforschung besonders zu berichten.

Nachfolgend möchte ich auf einige Beispiele über die zukünftigen Einsatzmöglichkeiten unserer Genossenschaftsbäuerinnen in der Dünger-, Feld- und Viehwirtschaft eingehen und über erste Erkenntnisse unserer Wissenschaftler berichten:

Die Möglichkeit, die Frau in die Organisation und Durchführung von Düngungsarbeiten im agrochemischen Zentrum einzubeziehen, wird z. B. schwerpunktmäßig im Institut für Mineraldüngung Leipzig der DAL untersucht. Nach Auffassung der Wissenschaftler ist hier zwischen dem Einsatz bei technisch-organisatorischen Arbeiten und Arbeitsvorgängen wie Düngerentladen und Düngerstreuen im agrochemischen Zentrum zu unterscheiden. Neben Leitungsaufgaben, die von weiblichen Diplomlandwirten oder staatlich geprüften Landwirten ausgeführt werden können, eignen sich auch alle Verwaltungsaufgaben für Frauen. Das gilt bei dem eigentlichen Arbeitsprozeß sicher nicht in gleichem Maße. Aufgrund der übersichtlichen und leichten Bedienung der Lademaschine T 335 bietet sich der Einsatz der Frau auf dieser Maschine an. Hier handelt es sich um eine körperlich leichte Arbeit, die Zuverlässigkeit und Umsicht voraussetzt. Inwieweit die Staubbelästigung dem Einsatz der Frau auf der T 335 Grenzen setzt, muß noch geprüft werden. Das gleiche trifft für den Einsatz der Frau im zentralen Düngerlager zu. Von der Schwere der Arbeit her gesehen, bestehen keine Bedenken; vorwiegend handelt es sich um das Bedienen von Förderanlagen, wie Kränen, Bandförderern. In demselben Maße, wie sich die Mechanisierung der Lager verbessert, können mehr und mehr qualifizierte Frauen eingesetzt werden; je fortgeschrittener die Technik ist, desto mehr sinkt der Anteil körperlich schwerer Arbeit. Auch werden die Verbesserungen, die hinsichtlich der Qualität der Düngemittel angestrebt werden, sich günstig auf den Einsatz der Frauen im agrochemischen Zentrum auswirken. Mitsteigendem Anteil an Granulaten geht eine sinkende Staubbelästigung einher. An diesem Beispiel wird auch die Verantwortung der chemischen Industrie sichtbar, die die Frauenarbeit in unserer Landwirtschaft wesentlich erleichtern kann. Bei der Düngung selbst wird sich die Frau in bestimmtem Umfang für das Bedienen des LKW mit Düngerstreuaufsatz eignen. Auf diesem Gebiet müssen jedoch recht bald praktische Erfahrungen gesammelt werden. Bei Düngungsarbeiten mit dem Flugzeug könnten ebenfalls Frauen als Piloten eingesetzt werden.

In der Rübenproduktion wird nach ökonomischen Berechnungen unserer Wissenschaftler im Institut für Rübenforschung Kleinwanzleben der Anteil der Frauenarbeit von gegenwärtig durchschnittlich 130 Arbeitskräftestunden (AKh) je Hektar (= 60 % des Gesamtaufwandes) auf 75 AKh je Hektar im Jahre 1970 und auf 3 AKh je Hektar im Jahre 1980 (= etwa 7 % des Gesamtaufwandes) zurückgehen. Die Handarbeit im Rübenbau wird demzufolge fast völlig durch Maschinen ersetzt. Seitens der Landtechnik sind deshalb solche Traktoren und Maschinen zu entwickeln, die den Einsatz der Frauen und Mädchen besser ermöglichen als bisher.

In der Kartoffelproduktion wird ein spezifisches Arbeitsgebiet für unsere Genossenschaftsbäuerinnen entstehen. Der Einsatz in großen Gemeinschaftseinrichtungen, wie Kartoffellagerhäusern, ermöglicht eine Arbeit unter Dach, eine geregelte Arbeitszeit und schafft leichte Arbeitsbedingungen. In den Spezialbrigaden für die Kartoffelproduktion werden etwa 25 % Frauen mitarbeiten, vor allem beim Sortieren, beim marktgerechten Aufbereiten der Speiseware, beim Vorbereiten des Pflanzengutes und bei der Selektion der Feldbestände - Aufgaben, die einen ganzjährigen Einsatz ermöglichen. Das Institut für Pflanzenzüchtung Groß Lüsewitz, das auf diesem Gebiet Untersuchungen anstellt, wird vor allem die von Frauen durchzuführenden Arbeitsarten und die zweckmäßigste Brigadezusammensetzung ermitteln.

Die Forschungsarbeiten auf dem Gebiet der Gemüse- und Obstproduktion sind ebenso wie in der Rüben- und Kartoffelproduktion darauf gerichtet, zunächst den hohen Anteil von Handarbeit zu reduzieren und für den noch verbleibenden Teil Arbeitserleichterungen zu schaffen. Das betrifft in erster Linie das Pflanzen, die Pflege und die Ernte von Gemüse und Obst. Durch Einsatz von Pflanzmaschinen, verstärkte Anwendung mechanisierter und chemischer Unkrautbekämpfungsmittel und modernster Ernte- und Transportgeräte können die Frauen von der schweren körperlichen Arbeit im Gemüse- und Obstbau wesentlich entlastet werden. Gleichzeitig können durch weitgehende Mechanisierung Arbeitskräfte für das Aufbereiten von küchenfertigem Gemüse und Obst freigesetzt werden, wie dies die LPG "1. Mai", Berlin-Wartenberg/Lindenberg, zum Vorteil für die Haushalte anschaulich demonstriert.

In der Viehwirtschaft verfolgen die Forschungsarbeiten der DAL das Ziel, moderne Produktionsanlagen zu entwickeln, den Arbeitsplatz ökonomisch und technisch richtig zu gestalten und eine zweckmäßige Arbeitsorganisation, mit Arbeitsteilung und Schichtarbeit, einzuführen. Darüber hinaus werden Vorschläge zur Qualifikationsstruktur erarbeitet, um die Einsatzmöglichkeiten für unsere Frauen zu erweitern und sie von der schweren körperlichen Arbeit - besonders beim Füttern, Entmisten und beim Transport von Futter- und anderen Rohstoffen - möglichst ganz zu entlasten. Das trifft besonders für die Milchvieh-Großanlagen zu.

In der Geflügelhaltung sind bereits jetzt 80 % aller Beschäftigten Frauen und Mädchen. Künftig ist ein 100prozentiger Einsatz weiblicher Fachkräfte im Produktionszweig Geflügel vorgesehen.

In der Schweinehaltung zeigen die neu entwickelten Produktionsanlagen für Mast und Aufzucht in den Lehr- und Versuchsgütern Wilmersdorf und Dummerstorf Wege, wie die Arbeiten für unsere Frauen und Mädchen durchaus leichter und angenehmer gestaltet werden können. In diesen neuen Produktionsanlagen arbeiten zur Zeit 50 % Frauen. Ziel der wissenschaftlichen Arbeit ist es, solche Produktionsverfahren zu schaffen, die eine ausschließliche Mast und Aufzucht durch unsere Frauen ermöglichen.

In der Rinderhaltung entstehen im Rahmen der Kooperationen und damit der Konzentration und Spezialisierung weitere Tätigkeitsgebiete für Frauen. Sie werden in unserem Institut für Tierzucht und Tierhaltung Iden-Rohrbeck wissenschaftlich bearbeitet.

Auf dem Gebiet der Förderung und Entwicklung der Frauen im Bereich des Veterinärwesens besteht eine Arbeitsteilung zwischen der Sektion Veterinärmedizin der DAL und der Wissenschaftlichen Gesellschaft für Veterinärmedizin in der DDR. Die Vorsitzende der Arbeitsgemeinschaft "Ökonomische Probleme des Veterinärwesens", Frau Oberveterinärrat Prof. Dr. Claassen, hat im Rahmen einer Arbeitsgruppe des Präsidiums dieser Gesellschaft eine ausführliche Analyse[2] über alle anstehenden Probleme der Förderung und Entwicklung, insbesondere der Tierärztinnen, angefertigt. Nach den Ergebnissen der Analyse, die eine Vielzahl zu lösender Probleme aufwarf, wurde für das Jahr 1967 im Komplexthema "Ökonomik veterinärmedizinischer Maßnahmen" ein Forschungsthema "Die Tierärztin in Wissenschaft und Praxis" aufgenommen.

Ausgehend von der Prognose der Entwicklung der Produktivkräfte in der sozialistischen Landwirtschaft darf man schlußfolgern, daß sich eine Umschichtung der jetzt in der unmittelbaren Pflanzen- und Tierproduktion tätigen Arbeitskräfte vollziehen wird. Das Berufsbild, die Qualifikationsstruktur, die Einsatzmöglichkeiten für unsere Frauen und Mädchen in der Landwirtschaft erfahren dabei eine grundlegende Veränderung. Sie wissenschaftlich zu erforschen und zu durchdenken erfordert noch intensive Arbeit.

ANMERKUNGEN

1 Vgl.: Gesetzblatt der Deutschen Demokratischen Repbulik, Teil II, Nr. 121 v.7. 11. 1966, S. 777.

2 In: Veterinärmedizinische Informationen, Heft 11/12/1966.

GERHARD WINKLER (Leipzig)

Probleme der gesellschaftlichen Entwicklung der Bäuerin - Bestandteil der Forschungsvorhaben in der Agrarökonomik

Die Problematik "Frau in der sozialistischen Gesellschaft" ist meiner Meinung nach nicht nur für die Forschungsvorhaben des Instituts für Agrarökonomik der Karl-Marx-Universität Leipzig zu berücksichtigen, sondern mindestens mit gleichem Gewicht auch für unsere Lehrveranstaltungen. Dabei ist es seit Jahren üblich, den Komplex "Frau in der sozialistischen Gesellschaft" in die Lehrvorhaben der verschiedensten Disziplinen einzubeziehen. Das beginnt eben schon im ersten Studienjahr in den Vorlesungen und Übungen auf dem Gebiet des Marxismus-Leninismus, wo der Kampf um die Befreiung der Frau als untrennbarer Bestandteil des Kampfes der Arbeiterklasse gegen Ausbeutung und Krieg behandelt wird. Ebenso behandeln wir die Rolle der Frau in der sozialistischen Revolution und beim Aufbau der sozialistischen Gesellschaft in der DDR. Systematisch ergänzt und fortgeführt werden diese Gedanken sowohl in den agrar- als auch betriebsökonomischen Vorlesungen. Das aktive Mitwirken der Frauen bei der allseitigen Stärkung der DDR versuchen wir überall zu würdigen: bei der Entwicklung von Kooperationsbeziehungen zwischen LPG und VEG, bei der Konzentration und Spezialisierung der Produktion, bei der Meisterung der technischen Revolution, beim Übergang zu industriemäßigen Methoden der Organisation und Leitung, bei der Kooperation der Landwirtschaft mit der Verarbeitungsindustrie und dem Handel. Dabei wird die Problematik den Studenten auch in physiologisch-psychologischer, technischer, sozialer und ökonomischer Hinsicht vor Augen geführt.

Schließlich werden die Studenten auch unmittelbar in die Forschungsarbeit einbezogen, betreffend die Stellung der Frau in der sozialistischen Landwirtschaft. In den ersten Studienjahren theoretisch mit den Problemen und deren in der Vergangenheit erfolgten Lösungen bekanntgemacht, gilt es nun - zum erstenmal in dem Zirkel der Studenten für Agrarökonomik -, sich mit der praktischen Forschungsarbeit vertraut zu machen. Teilnehmend an der Teilaufbereitung und -auswertung werden sie jetzt mit auftretenden Problemen konfrontiert, an deren Lösungen sie selbst durch Literaturstudium einerseits und praktische Forschung in unseren Dörfern, Genossenschaften und Kooperationsgemeinschaften andererseits mitzuhelfen haben.

Nach speziellen agrarsoziologisch-methodischen Lehrveranstaltungen im vorletzten Studienjahr nehmen alle Studenten, die daran anschließend ihr einjähriges Betriebspraktikum absolvieren, rege an der Forschungsarbeit zu Frauenproblemen in der Landwirtschaft teil. Durch Befragungen, Beobachtungen und Dokumentenanalysen gewinnen sie Unterlagen, die sie einmal in die Forschungsvorhaben des Institutes einfließen lassen, zum anderen aber selbst für ihre Leitungsarbeit in den Genossenschaften und Volksgütern sowie in den Kooperationsgemeinschaften benötigen. Durch die Unterstützung der Frauenausschüsse und die Mithilfe beim Aufstellen eines Frauenförderungsplanes, nehmen die Studenten ebenfalls unmittelbar Einfluß auf die Verwirklichung der Gleichberechtigung der Frauen im gesellschaftlichen Leben unserer Dörfer. So ergänzen sich praktische Forschungsarbeit mit der schnellen Übertragung der gewonnenen Erkenntnisse in den Einsatzbereich der Betriebspraktikanten.

Gemeinsam mit unseren Studenten haben wir im letzten Jahr eine Untersuchung zum Jugendproblem in der Landwirtschaft vorgenommen, wobei die Ergebnisse von über 80 LPG des Typs III in den Bezirken Leipzig, Dresden und Karl-Marx-Stadt eingehend analysiert wurden. Dabei ermittelten wir auch den Anteil der Jugendlichen und insbesondere den Anteil der weiblichen Jugendlichen an den Jugendlichen insgesamt für die einzelnen Produktions- und Leitungsbereiche. So mußten wir feststellen, daß in dem Bereich der Produktion von und mit Pflanzen im Bezirk Karl-Marx-Stadt auffallend wenig junge Frauen und Mädchen arbeiten. Wir sind den Dingen nachgegangen und fanden, daß dies keineswegs etwa auf einen zu geringen Anteil Jugendlicher an den mitarbeitenden Bäuerinnen und Bauern insgesamt zurückzuführen ist. Im Gegenteil, der Bezirk Karl-Marx-Stadt liegt dabei im Bereich der Pflanzenproduktion weit über dem Durchschnitt der drei Bezirke. Der geringe Anteil der weiblichen Jugendlichen an der Gesamtheit der Jugendlichen in der Pflanzenproduktion dürfte hier vielmehr auf die Tatsache zurückzuführen sein, daß die Arbeitsbedingungen einerseits und die Verdienstmöglichkeiten andererseits nicht mehr mit den Normvorstellungen der weiblichen Jugendlichen in Einklang zu bringen sind. Denn diese Normvorstellungen werden heute aufgrund des hohen Industrialisierungsgrades des Bezirkes Karl-Marx-Stadt durch die in der Industrie, vornehmlich der Textilindustrie, tätigen weiblichen Jugendlichen geprägt. Die Errungenschaften des Sozialismus, die in diesen Betrieben die der Landwirtschaft übersteigen, formen und heben auch die Anforderungen der weiblichen Jugendlichen auf dem Lande. Es liegt also die Vermutung nahe, daß zahlreiche weibliche Jugendliche aus den Dörfern, die hier zudem oft Industriedörfer sind, eine Arbeit in der Industrie bevorzugen; ein Teil der weiblichen Jugendlichen, die zunächst noch eine Tätigkeit in der Feldwirtschaft aufgenommen haben, fühlt sich beim gegenwärtigen Entwicklungsstand der Maschinen und Geräte physisch überfordert. Aus diesen Gründen geben sie - oft noch im Verhältnis der Ausbildung stehend - die Arbeit in der Landwirtschaft auf.

Unbestreitbar ist auch, daß in der Landwirtschaft die früher meist von Frauen erledigte Handarbeit reduziert und somit der Bedarf an Arbeitskräften verringert wurde. Der verbleibende Teil der Handarbeit wirkt aber gegenüber einer möglichen Arbeit in der Industrie nicht anziehend genug. Der noch vorhandene Saisoncharakter der Tätigkeit in der Pflanzenproduktion mit den zum Teil daraus sich noch ergebenden schwankenden Verdienstmöglichkeiten entspricht nicht den sozialen Vorstellungen und Anforderungen der weiblichen Jugendlichen. Verstärkt muß daher den berechtigten Forderungen nach Klärung der Perspektive des Arbeitsplatzes jugendlicher Genossenschaftsbäuerinnen und Landarbeiterinnen nachgekommen werden. Offensichtlich ergeben sich günstigere Einsatzmöglichkeiten für Mädchen und junge Frauen in der Tierproduktion, im Planungs-, Leitungs- und Abrechnungsbereich und in der ersten Verarbeitungsstufe landwirtschaftlicher Produkte, die durch die kooperativen Beziehungen wachsende Bedeutung gewinnt.

Wenn bezüglich der Vergütung der weiblichen Jugendlichen ermittelt wurde, daß diese geringer ist als die vergleichbarer männlicher Jugendlicher, so resultiert diese Tatsache aus dem bereits erwähnten Saisoncharakter der Feldarbeit. Offensichtlich ist die Ausnutzung des Arbeitskräftepotentials der Frauen und Mädchen nicht voll gewährleistet. Außerdem ist zu vermuten, daß weibliche Jugendliche geringer vergütete Arbeiten durchführen. Allerdings wirken auch Faktoren auf die Vergütung der Frauen und Mädchen ein, die nicht naturbedingt sind. Es handelt sich dabei eindeutig um Probleme der Leitung. Das unterstreichen unsere Ergebnisse zum Untersuchungskomplex Qualifizierung. Die Bereitschaft zur Aus- und Weiterbildung ist bei den Mädchen und jungen Frauen groß. Den Willen, sich zu qualifizieren, gilt es durch die Leitungsorgane bewußt zu nutzen und zu erhalten. Dazu gehört auch, daß entsprechend einem Qualifizierungsplan der künftige Einsatz exakt festgelegt wird. Hier scheint mir allerdings noch nicht alles so gestaltet zu sein, wie das zu wünschen ist. Auf unsere Frage, ob der Einsatz entsprechend der erreichten Qualifikation erfolgt, antworteten 57 % der Befragten, daß Qualifikation und Arbeit übereinstimmen. 24 % sagten, der Einsatz erfolge nur teilweise entsprechend dem Ausbildungsstand, und 19 % glauben, nicht ihrer Qualifikation gemäß tätig zu sein. Es liegt in der Natur der Jugendlichen, daß sie nach vollem Einsatz ihrer physischen Kräfte und ihres intellektuellen Vermögens streben. Sie suchen und verlangen - oft noch sehr spontan und unbewußt, aber dafür unmittelbarer als Erwachsene - nach solchen Möglichkeiten, die es ihnen erlauben, ihre Persönlichkeit ganz zu entwickeln. Dafür sprechen auch jene 19 %, die sich eben eine Tätigkeit wünschen, die ihrem Können entspricht, ihrer Mentalität, die ein Erfolgserlebnis anstreben. Ihnen dieses vorzuenthalten heißt sehr oft, einen weiteren Teil der dringend notwendigen Aus-

und Weiterbildungsmaßnahmen für die Jugendlichen uninteressant werden zu lassen. Wenn wir aber die technische Revolution in der Landwirtschaft meistern wollen, so ist es ein Gebot der Stunde, viel stärker als bisher die Aus- und Weiterbildung insbesondere der weiblichen Arbeitskräfte zu betreiben.

Bei aller Anerkennung des Erreichten und der gewaltigen Fortschritte im politischen, ökonomischen und kulturellen Bereich gibt es, wie die Ergebnisse unserer Analyse offenbaren, noch zahlreiche Probleme, die einer Lösung harren. Wissenschaft und Praxis stehen hier gemeinsam vor vielen Aufgaben.

Natürlich widmen sich die Forschungsvorhaben unseres Instituts nicht ausschließlich soziologischen Problemen der Frau in der Landwirtschaft, bei denen es relativ leicht ist, auf die gesellschaftliche Stellung der Frau einzugehen. Wir sind der Auffassung, daß z. B. ausschließlich naturwissenschaftlich oder ökonomisch akzentuierte Themen Ansatzmöglichkeiten für solche Querverbindungen bieten. Der technische Fortschritt in der Pflanzen- und Tierproduktion wirkt sich zweifellos auf die Beschäftigung der Frau in diesen Bereichen aus. Die Probleme Frau und Technik verschmelzen ebenso zu einer Einheit, wie sich das auch für Frau und Ökonomie feststellen läßt. So werden Frauenprobleme in unserem Institut grundsätzlich auch in solchen Forschungsaufgaben mit untersucht, in deren unmittelbarer Themenstellung der Begriff "Frau" nicht auftaucht. Das gilt sowohl für die "Untersuchungen zum Nachwuchsproblem in der Landwirtschaft der DDR" als auch für die Arbeit "Die Altersversorgung in der Landwirtschaft der DDR". Ebenso wird auf Rolle und Aufgaben der Genossenschaftsbäuerinnen ausführlich in der Auftragsarbeit für die Kooperationsgemeinschaft Dahlen/Außig "Statut und der Perspektivplan für die Kooperationsgemeinschaft Dahlen/Außig" eingegangen.

Aber nicht nur in den Themen, die sich unmittelbar den in der sozialistischen Landwirtschaft der DDR zu lösenden Aufgaben widmen, werden Frauenprobleme untersucht, sondern gleichermaßen auch in solchen Vorhaben, die sich mit der westdeutschen Landwirtschaft sowie der Landwirtschaft anderer kapitalistischer Länder beschäftigen. Der im Institut stationierte Arbeitskreis "Internationale Agrarwirtschaft" unter der Leitung von Prof. Dr. Gerhard Müller bezieht gleichermaßen die Analyse der Rolle der Frau in der Landwirtschaft kapitalistischer Länder mit ein.

Es geht uns im Institut also darum, daß alle wissenschaftlichen Bereiche - gleichgültig, ob Lehre oder Forschung - und daß auch in der Zusammenarbeit mit der Praxis bewußt und planmäßig die gegenwärtige und künftige gesellschaftliche Stellung der Frau in der sozialistischen Landwirtschaft berücksichtigt, gleichermaßen aber auch die entsprechende Entwicklung in der Landwirtschaft kapitalistischer Länder verfolgt und die Entwicklung in der DDR als Beispiel für Westdeutschland propagandistisch ausgewertet wird.

All diese Aufgaben erfordern jedoch eine stärkere Gemeinschaftsarbeit als bisher. Der gegenwärtige Stand der wissenschaftlichen Arbeit läßt die bislang noch nicht einmal überall vorgenommene Abstimmung der Themen als nicht mehr ausreichend erscheinen. Die unverbindliche Information sollte im Interesse der vollen Nutzung der Produktivkraft Wissenschaft und zur Vermeidung des Nachhinkens der Wissenschaft hinter der Praxis zu einer verbindlichen Kooperation werden.

ALFRED KECK (Berlin)

Industrialisierte Hausarbeit in prognostischer Sicht

Der Beirat für ökonomische Forschung bei der Leitung der Staatlichen Plankommission hat als einen wissenschaftlichen Beitrag zur prognostischen Planung der gesellschaftlichen Entwicklung bis 1980 und, die heutige Konferenz direkt vorbereitend, die Probleme der Erleichterung und Industrialisierung der Hausarbeit beraten. Das ist ein Schwerpunkt des Forschungsplanes, wie Prof. Hartke hier erläutert hat. 90 Vertreter aus der Wirtschaftspraxis, aus Massenorganisationen, der Wissenschaft und den Staatsorganen haben eine Fülle von Vorschlägen unterbreitet.

Ein grundlegender Ausgangspunkt unserer Diskussion war, daß die Reproduktion der Arbeitskraft sich im wesentlichen im Wohngebiet und individuellen Haushalt vollzieht, ohne dabei die leistungsfördernde Bedeutung der Arbeits- und Lebensbedingungen im Betrieb und der Produktionskultur zu unterschätzen. Es kann uns nicht gleichgültig sein, ob sich die Werktätigen in der arbeitsfreien Zeit ausreichend reproduzieren, um mit den erforderlichen physischen und psychischen Kräften den neuen Arbeitstag oder die neue Arbeitswoche beginnen zu können.

Die Hauswirtschaft ist eine zwar relativ kleine Wirtschaftseinheit, aber bei über 6,6 Millionen Haushalten fällt sie im Leben der Gesellschaft stark ins Gewicht. Untersuchungen zeigen, daß je nach Größe der Wohnung, nach Anzahl der Familienangehörigen usw. täglich bis zu 10 Stunden Hausarbeit anfallen. Die Aufwendungen für hauswirtschaftliche Tätigkeiten betragen im Durchschnitt aller Haushalte der DDR 47,5 Stunden je Woche. Das entspricht, umgerechnet, der Arbeitszeit von 6,5 Millionen Beschäftigten. Wir können hierbei durchaus annehmen, daß sich jeder Haushalt auf diese Weise durchschnittlich mindestens 5000 MDN jährlich indirektes Einkommen erarbeitet. Das wären praktisch 30 Milliarden MDN oder 55 % des jährlichen Verbrauchs an Waren. Bereits diese Größenordnung - und nur deshalb nenne ich sie - zeigt, wie bedeutungsvoll das Problem der Hauswirtschaft ist. Es kann allerdings unter keinen Umständen von heute auf morgen ruckartig gelöst werden. Jeder fühlbare Schritt - abgesehen von der besseren Arbeitsorganisation und der richtigen Arbeitsteilung in der Familie, wo noch sehr viele Reserven liegen,- teils ideologisch bedingt - bedeutet volkswirtschaftlich enorme Aufwendungen.

Tatsache ist aber auch, daß durch die Rationalisierung und die Industrialisierung hauswirtschaftlicher Tätigkeiten enorme Leistungsreserven für die Arbeitskraft gewonnen werden können, zumal die Frau die hauswirtschaftlichen Tätigkeiten zu etwa 80 % verrichtet. Die Hausarbeit zu verringern und zu erleichtern, das ist also nicht nur ein ökonomisches Problem, sondern im hohen Maße eine gesellschaftliche Aufgabe der weiteren Emanzipation der Frau. Dazu werden im Referat von Prof. Dr. Hartke viele Hinweise gegeben. In diesem Zusammenhang möchte ich auch auf die Forschungsergebnisse des Arbeitskreises Lebensstandard verweisen.[1]

Zu dieser Problematik haben wir außerdem internationale Vergleiche angestellt, die zu folgenden Ergebnissen geführt haben:

Erstens: In allen Ländern wird der überwiegende Teil der Hausarbeiten von den Frauen erledigt. Die Männer, ob verheiratet oder nicht, wenden etwa 20 bis 50 % ihrer Zeit für Hausarbeiten auf.

Zweitens: Verheiratete Frauen - Hausfrauen und auch beruflich tätige - haben einen höheren Zeitaufwand für Hausarbeiten als nichtverheiratete Frauen. Bei Verheirateten liegt er bis zu 200 % höher.

Drittens: Der Zeitaufwand für Hausarbeiten erhöht sich mit der Anzahl der Kinder teilweise sehr stark.

Viertens: Der Vergleich des Zeitaufwandes von Mann und Frau zeigt, daß einige Tätigkeiten den Hauptteil des Gesamtzeitaufwandes für Hausarbeiten erfordern. Allein das Zubereiten von Speisen und die verschiedenen Reinigungsarbeiten im Haushalt beanspruchen zusammen fast 60 % des notwendigen Zeitvolumens für Hausarbeiten. Der Rest umfaßt Waschen, Bügeln, Reparaturen an Wäsche, Bekleidung und Schuhen, Reparaturen anderer Gegenstände, Heizung, Einkäufe.
Fünftens: Die Struktur dieser Tätigkeiten verdeutlicht, daß die Tätigkeiten mit dem größten Zeitaufwand hauptsächlich von den Frauen erledigt werden.

Welche Schlußfolgerungen haben wir gezogen?

Die Rationalisierung und die Erleichterung der Hausarbeit sind keine zusätzliche Aufgabe für die Staats- und Wirtschaftsorgane, sondern sie müssen ein integrierender Bestandteil der Planungs- und Leitungstätigkeit sein. Auf der Rationalisierungskonferenz des Zentralkomitees der SED und des Ministerrats der DDR wurden die Staats- und Wirtschaftsorgane verpflichtet, auch die hauswirtschaftlichen Tätigkeiten zu rationalisieren. Insbesondere gilt es zu erreichen, daß die Dienstleistungskapazitäten rationeller und effektiver genutzt werden. Vor allem ist die Qualität der Leistungen zu erhöhen, und die Lieferzeiten sollen gesenkt werden. Die Industriezweige, die Konsumgüter herstellen, haben ihre Forschungsarbeit entschiedener auf solche Verfahren und konstruktiven Lösungen zu richten, die das Warten und Pflegen der Konsumgüter verringern und vereinfachen. Die Technisierung innerhalb der Hauswirtschaft ist durch die Produktion leistungsfähiger und wartungsärmerer Haus- und Kühlungsgeräte zu unterstützen. Insgesamt gilt für alle Erzeugnisse, daß deren Funktionsfähigkeit vervollkommnet wird, um den Reparaturaufwand weiter, und zwar zeitlich wie finanziell zu senken.

Die Rationalisierung in der Hauswirtschaft muß schrittweise zu einer kürzeren Hausarbeitszeit führen. Dadurch gewinnt die Familie, vor allem die Hausfrau, Freizeit. Diese ermöglicht es, den steigenden Anforderungen der Gesellschaft in der Produktion und in anderen Bereichen der Volkswirtschaft zur Meisterung der wissenschaftlich-technischen Revolution sowie zur Verbesserung des gesamten Lebens gerecht zu werden.

Welche prinzipiellen Wege zur Verkürzung und Erleichterung der Hausarbeit sehen wir?

Der Arbeitsaufwand in der Hauswirtschaft kann grundsätzlich auf drei Wegen verkürzt und erleichtert werden:

Erster Weg: Auslagerung (Vergesellschaftung) bestimmter Tätigkeiten aus dem Haushalt, indem diese Aufgaben von der Industrie oder von Dienstleistungseinrichtungen mit wesentlich höherer Produktivität ausgeführt werden. Das betrifft industriell vorgefertigte Halb- oder Fertigerzeugnisse für die Ernährung (z. B. Menüsortimente, geputztes Gemüse), durch welche die Vorratshaltung und Zubereitung von Speisen ganz oder teilweise wegfallen! Das erfordert konzeptionelle Vorstellungen, die für die nächsten zehn bis zwanzig Jahre von der Staatlichen Plankommission und dem Ministerium für Bezirksgeleitete Industrie und Lebensmittelindustrie, dem Ministerium für Handel und Versorgung sowie von staatlichen und wissenschaftlichen Institutionen gemeinsam erarbeitet werden müssen.

Zu diesem Weg gehört weiterhin die Übernahme der Reinigung und Pflege der Bekleidung und Wäsche (Wäschereien, Reinigungen. Bügeldienste usw.) durch gesellschaftliche Einrichtungen.

Zweiter Weg: Einsparung bestimmter Tätigkeiten durch Einsatz neu entwickelter, hochproduktiver Rohstoffe, Materialien und Erzeugnisse (z. B. Wegfall des Bügelns durch Einsatz synthetischer Fasern bei Hemden, Blusen, Kinderbekleidung; Entwicklung und Vervollkommnung von pflegearmen Fußbodenbelägen und Oberflächenmaterialien, z. B. für die Küche und das Bad; Entwicklung neuer chemischer Erzeugnisse, die eine bessere Wäsche-, Fußboden-, Möbel- und Teppichpflege sowie -reinigung ermöglichen.

Dritter Weg: Verkürzung der Hausarbeit durch Rationalisierung innerhalb des Haushaltes selbst. Hierbei unterscheiden wir zwei Möglichkeiten: Einmal ist die rationelle Gestaltung des Arbeitsablaufes für eine bestimmte Tätigkeit (Voraussetzung dafür ist die funktionelle richtige Gliederung der Wohnung bzw. der Wohnräume, rationelle Gestaltung der

Einrichtung, insbesondere der Arbeitsplätze, eine entsprechende Qualifizierung und Ausbildung aller Haushaltsmitglieder) sowie eine sinnvolle Arbeitsorganisation und -teilung zwischen den Familienmitgliedern erforderlich. Zum anderen ist der Einzug der technischen Revolution in den Haushalt durch dessen Ausstattung mit hochproduktiven, zeit- und kräftesparenden Arbeitsmitteln notwendig (z. B. Waschautomaten, Herde mit Ein- und Ausschaltautomaten, elektrische Haus- und Küchengeräte, Einsatz einfacher Rationalisierungsmittel). Ein maximaler Nutzen wird erst dann erreicht, wenn beide Elemente dieses Weges - Technisierung und Technologie - sinnvoll kombiniert werden.

Es ist unbestreibar, daß viele hochentwickelte kapitalistische Industriestaaten, so Schweden, die USA, Westdeutschland, auf dem Gebiet der Vergesellschaftung von Hausarbeiten bedeutende Leistungen aufzuweisen haben. Viele dieser Leistungen werden aber dadurch entwertet, daß sie nicht einem System von sozialen und politischen Maßnahmen eingegliedert sind, die die Integration der Frau in das berufliche Leben und die harmonische Gestaltung ihrer Persönlichkeit zum vornehmsten Ziel haben. In den hochentwickelten kapitalistischen Ländern ist der Haushalt vor allem aus marktpolitischen Erwägungen bzw. aus Gründen des Profits interessant. Unterstützt werden diese Bestrebungen durch eine ideologische Komponente, die dahin zielt, die vorrangige Aufgabe der Frau im Haushalt und in der Familie zu sehen, während ihre Tätigkeit in der Produktion als vorübergehende Erscheinung angesehen wird.

Auch im Bewußtsein vieler Menschen unserer sozialistischen Gesellschaftsordnung haben sich über viele Generationen feste Vorstellungen über die Art und Weise der Hausarbeit sowie ihre Verteilung auf die Geschlechter eingeprägt. Diese außerordentlich zählebigen Anschauungen zu überwinden, dazu bedarf es einer zielstrebigen Erziehungs- und Überzeugungsarbeit der sozialistischen Gesellschaft.

ANMERKUNG

1 Informationen des Wissenschaftlichen Beirates "Die Frau in der sozialistischen Gesellschaft" H. 5/1966.

WILLI KÖPPERT (Leipzig)

Kooperation in der Forschung zur Erleichterung der Hausarbeit

Dr. Keck sprach über die langfristigen Entwicklungsperspektiven der Hausarbeit. Soweit es um eine Perspektive von Jahrzehnten geht, kann man seine Darlegungen nur unterstützen. Was allerdings die nächsten Jahre angeht, so muß gesagt werden, daß der Schwerpunkt auf den Problemen der Erleichterung der Hausarbeit liegen wird, da wir gegenwärtig nur begrenzt über die zur Industrialisierung der Hauswirtschaft erforderlichen Mittel verfügen.

Aus dieser Erkenntnis heraus hat das Ministerium für Handel und Versorgung ein Programm zur Erleichterung und Verringerung der Hausarbeit entwickelt, das eine wichtige Planungsgrundlage bis 1970 darstellt. In dieses Programm wurden reale und volkswirtschaftlich mögliche Lösungen aufgenommen. Natürlich kann das Ministerium bzw. das ihm unterstehende Institut für Marktforschung nur einen Teilkomplex der umfassenden Problematik erforschen, die Prof. Dr. Hartke im Referat nannte.

Welche Untersuchungsergebnisse liegen uns bisher vor?

I.

1. Um einen wissenschaftlich begründeten Ausgangspunkt für weitere Arbeiten über Umfang und Struktur der Hausarbeit zu erhalten, hat das Institut für Marktforschung eine repräsentative Befragung von 1 200 Haushalten in allen Teilen unserer Republik nach Haushaltgrößen und Einkommensgruppen durchgeführt. Die Ergebnisse zeigen folgendes Bild:

Der durchschnittliche Aufwand für Hausarbeit liegt bei 6,8 Stunden täglich und 47,8 Stunden wöchentlich - die sogenannte zweite Schicht. Bei den Ergebnissen handelt es sich um Durchschnittswerte; ein Teil der Frauen, vor allem in größeren Familien, ist weit mehr belastet. In einem 5-Personen-Haushalt muß die berufstätige Frau für die Hausarbeit bereits täglich 7,16 Stunden aufwenden, in einem noch größeren Haushalt sogar bis zu 8,6 Stunden je Tag oder etwa 60 Stunden je Woche. Der durchschnittliche Arbeitsaufwand (ohne den für die Erziehung der Kinder und den für gesellschaftliche Tätigkeit usw.) gliedert sich wie folgt auf:

Speisenzubereitung	2,2 Std.	tägl.	oder	15,4 Std.	wöchentl.
Reinigung der Wohnung	1,7 "	"	"	11,9 "	"
Reinigung der Wäsche	1,1 "	"	"	7,7 "	"
Einkaufen	0,9 "	"	"	6,3 "	"
Sonstige Hausarbeit	0,9 "	"	"	6,3 "	"
	6,8 Std.	tägl.	oder	47,6 Std.	wöchentl.

Die Zeitwerte geben natürlich nicht darüber Aufschluß, daß es sich zumindest bei einem Teil der Aufgaben wie Heizen und Reinigen, aber auch beim Einkauf (Schleppen von Lebensmitteln und Getränken mit teilweise schwerer Verpackung - Flaschen, Gläser usw.) um körperlich schwere Arbeiten handelt, die nicht allein die Aufmerksamkeit unserer Arbeitsökonomen verdienen.

Aufschlußreich ist dabei, wie sich die Hausarbeit auf die einzelnen Familienmitglieder verteilt. Nach unseren Untersuchungen verrichtet gegenwärtig noch immer in 20 % der Haushalte die Frau allein die Hausarbeit, in 6 % der Haushalte helfen sonstige Personen, jedoch nicht der Ehemann; in 74 % der Haushalte packen die Ehemänner bzw. auch andere Personen zu. Betrachtet man die tatsächlichen Leistungen, so ergibt sich folgendes Bild: Die Männer beteiligen sich mit rund einer Stunde je Tag oder 7 Stunden je Woche, die anderen Familienmitglieder mit etwa 1,6 Stunden täglich oder 11,2 Stunden wöchentlich an der Hausarbeit. Dieser Anteil verändert sich in den einzelnen Haushaltgrößen nur unwesentlich, so daß die Frau im Prinzip rund 80 % der Hausarbeit allein zu leisten hat, das sind 38 Stunden je Woche.

Die Tätigkeiten verteilen sich wie folgt:

	Ehefrau	Ehemann	Sonstige
Speisenzubereitung	84,2 %	6,8 %	12 %
Reinigung der Wohnung	78,8 %	12,5 %	9 %
Reinigung der Wäsche	89,7 %	2,9 %	7,4 %
Einkaufen	76,5 %	11,8 %	11,7 %
Sonstige Hausarbeiten	56,9 %	33,3 %	9,8 %

Ein anderes Resultat: Der Ehemann unterstützt die nichtberufstätige Hausfrau in 69,8 % der Haushalte, die berufstätige Frau nur in 75,6 % aller Haushalte.

Diese Angaben machen den ganzen Ernst der Lage auf dem Gebiet der Hauswirtschaft deutlich und lassen erkennen, welche großen ökonomischen und ideologischen Probleme noch zu lösen sind. Aus letzteren ergibt sich offenbar auch eine Fülle von Forschungsvorhaben für Soziologen und Gesellschaftswissenschaftler, ebenso viele Aufgaben für die politische Massenarbeit der Parteien, Gewerkschafts- und der anderen Massenorganisationen.

2. Wie über die Hausarbeitszeit, so haben wir auch repräsentative Untersuchungen über die Verwendung des Freizeitfonds vorgenommen. Hier sehen die Ergebnisse so aus:

	Freizeit der Haushalte	davon entfallen auf Frauen	Männer
DDR gesamt pro Woche	63,7 Std.	26,6 Std.	37,1 Std.
Arbeiter-Haushalte	62,9 "	26,4 "	36,5 "
Angestellten-Haushalte	62,5 "	26,1 "	36,4 "
Intelligenz-Haushalte	69,9 "	29,5 "	40,4 "
Bauern-Haushalte	59,8 "	23,9 "	35,9 "
Haushalte von PGH-Mitgliedern	65,8 "	25,5 "	40,3 "
Haushalte von Selbständigen	66,2 "	29,2 "	37,0 "

Die Männer haben somit durchschnittlich je Woche 10 Stunden mehr Freizeit als die Frauen. Unsere Ermittlungen haben ferner ergeben, daß die berufstätige Frau im Mittel 10 Stunden weniger Freizeit je Woche hat als die nichtberufstätige Frau. Auch hier handelt es sich um einen Komplex, der weiterer Forschungen bedarf.

3. Die bereits genannten Arbeiten fortsetzend, haben wir z. B. folgende Teilprozesse der Hausarbeit mit Hilfe repräsentativer Befragungen einer tiefgehenden Analyse unterzogen: die mit der Reinigung der Wohnung verbundenen Hausarbeiten; den Zeitaufwand für die Reinigung der Wäsche; Erleichterung der Hausarbeit durch die Erweiterung des Angebots industriell angefertigter Nahrungsmittel hoher Konsumreife; Förderung einer sinnvollen Freizeitgestaltung der Frauen mit Hilfe des Warenangebots und der Dienstleistungen.

4. Die Forschungsergebnisse waren Ausgangspunkt für das bereits genannte Komplexprogramm zur Erleichterung und Verringerung der Hausarbeit, das vom Minister für Handel und Versorgung bestätigt wurde. Es bildet einen wichtigen Bestandteil der Planung auf dem Gebiet der Versorgung bis zum Jahre 1970 und darüber hinaus. Das Programm umfaßt folgende Schwerpunkte:

Erleichterung der Hausarbeit durch einen höheren Anteil an pflegeleichten Textilien, vor allem bei Herren- und Damenoberbekleidung.

Leichteres Reinigen und Pflegen der Wäsche und Bekleidung, ermöglicht durch einen steigenden Ausstattungsgrad der Haushalte mit Waschmaschinen und Schleudern. Bei Waschmitteln ist vor allem der Anteil der Schnellwaschmittel zu erhöhen.

Der Anteil pflegeleichter Wohnraumtextilien ist zu steigern, vor allem bei Gardinen und Teppichen.

Es sind mehr Nahrungsmittel mit höherer Konsumreife bereitzustellen, darunter vorgefertigtes Obst und Gemüse sowie kochfertige Suppen und Gerichte.

Ebenfalls erhöht wird auch die Ausstattung der Haushalte mit solchen technischen Konsumgütern wie Kühlschränken, Küchenmaschinen, Heißwasserspeichern, Geschirrspülmaschinen.

Es würde zu weit führen, hier auf die vielen dabei auftretenden komplizierten Probleme der Qualität, der Ersatzteilversorgung und des Kundendienstes, der Preisentwicklung u. a. einzugehen. Viele Dinge müssen in weiterer intensiver Zusammenarbeit zwischen Industrie, Handel und Forschungsinstituten geklärt werden. Gesagt werden muß aber, daß unser Programm ein Minimum darstellt, obwohl große volkswirtschaftliche Anstrengungen notwendig sind, um es verwirklichen zu können.

II.

Offenbar können alle diese Ergebnisse nur als ein Anfang für weitere Forschungsarbeiten gewertet werden. Für den Bereich des Ministeriums für Handel und Versorgung bzw. für unser Institut ergeben sich folgende Forschungsaufgaben:

Es ist ein Programm zur Erleichterung und Verringerung der Hausarbeit für die Zeit von 1970 bis etwa 1980 auszuarbeiten. Sehr komplizierte Probleme müssen dabei konzipiert werden:

a) In welchem Umfang kann die Hausarbeit verringert oder erleichtert werden? Ein Vergleich der Tendenzen in entwickelten Industrieländern läßt erkennen, daß trotz der Ausstattung der Haushalte mit Konsumgütern und trotz der Verlagerung von Tätigkeiten aus dem Haushalt sich die Hausarbeitszeit kaum verringert. Es ergibt sich die Frage: Welche Ursachen führen zu dieser Entwicklung und wie muß das Problem unter unseren Bedingungen am rationellsten gelöst werden, für die Volkswirtschaft wie für die Haushalte?

b) In welchem Umfang können hauswirtschaftliche Arbeiten ausgelagert werden? Es bieten sich z. B. an: Speisenzubereitung und -einnahme, wobei es notwendig wäre, die industrielle Vorfertigung zu erhöhen, Nahrungsmittel frei Haus zu liefern, das Kühlproblem bzw. die Vorrathaltung zu lösen, die Arbeiterversorgung und die Schulspeisung zu erweitern und das Gaststätten- und Hotelwesen auszubauen; ferner bietet sich der Ausbau der Dienstleistungen an, nicht nur beim Reinigen von Wäsche und Bekleidung, sondern auch beim Reinigen der Wohnungen; außerdem müßte das Heizproblem gelöst werden, einmal durch die Zentralheizung in Neubauten, zum anderen durch Umstellung von Kohle auf Gas und Elektrizität.

Sehr bedeutungsvoll für die weitere Entwicklung auf diesem Gebiet wäre ein Programm zur Rationalisierung der Hausarbeit. Das bisher vorliegende Programm des Ministeriums für Handel und Versorgung zur Erleichterung und Verringerung der Hausarbeit erfaßt sehr gut alle volkswirtschaftlichen Aspekte zur Versorgung der Haushalte mit Waren und Leistungen auf dem Gebiet der Hausarbeit. Darüber hinaus brauchen wir aber ein Programm, um die in den Haushalten anfallenden Arbeitsprozesse systematisch rationalisieren zu können. Überall in der Volkswirtschaft gibt es Rationalisierungsprogramme, nur für die 47 Stunden Hausarbeit je Woche nicht. Worum geht es hierbei?

Zum ersten brauchen wir Arbeitsstudien und Untersuchungen über die Organisation, die Schwere und Vereinfachung bzw. Rationalisierung der einzelnen Arbeitsvorgänge und Verrichtungen.

Zum zweiten benötigen wir Ausarbeitungen darüber, wie in den einzelnen Haushaltgrößen bzw. Einkommensgruppen die Hausarbeit rationalisiert werden kann, komplexweise über das Einkaufen und Lagern von Nahrungsmitteln, das Zubereiten von Speisen (einschließlich Abwaschen und Geschirraufbewahrung), über die rationelle Küche, über das Reinigen der Wohnung, über das Heizen u. a. Die dabei gewonnenen Erkenntnisse müßten in vielfältiger Weise auch popularisiert werden.

III.

Eine ganz entscheidende Voraussetzung zur Lösung der genannten Aufgaben besteht darin, daß zwischen den Leitungsorganen und Instituten einerseits und zwischen den Instituten andererseits bessere Kooperationsbeziehungen entwickelt werden. Ein gutes Beispiel gibt das Institut für Ernährungsforschung der Akademie der Wissenschaften in Potsdam-Rehbrücke, das systematisch zum Leitinstitut für die Probleme einer gesunden Ernährung entwickelt wird und die Forschungsaufgaben auf diesem Gebiet koordiniert und rationelle Lösungswege zeigt. Komplexe Probleme wie die Vergrößerung der Anteile der industriell vorgefertigten Gerichte einschließlich Verpackungs-, Transport-, Lagerprobleme und Kühlung können nur in Zusammenarbeit der jeweils zuständigen Institutionen erfolgreich gelöst werden. Die Arbeiten müssen aber geplant und koordiniert werden. Dafür müssen sich in diesem Falle die Ministerien für Handel und Versorgung sowie für Bezirksgeleitete Industrie und Lebensmittelindustrie verantwortlich fühlen. Sie können sich dabei auf bestimmte Forschungsinstitute stützen.

Offenbar muß die Rolle und Autorität des Wissenschaftlichen Beirates "Die Frau in der sozialistischen Gesellschaft" erhöht werden. Was den Arbeitskreis "Industrialisierung der Hausarbeit" dieses Beirats betrifft, möchte ich meine Vorschläge, die ich auf der Konferenz "Hauswirtschaft" am 22. Februar 1967 unterbreitet habe, nochmals wiederholen.

a) Das Gremium muß arbeitsfähig zusammengesetzt werden.

b) Die Staatliche Plankommission muß die Leitung und Koordinierung der erforderlichen Forschungsarbeiten sichern. Leiter des Arbeitskreises ist bereits ein verantwortlicher Mitarbeiter der Staatlichen Plankommission.

c) Der Arbeitskreis ist durch einige hauptamtlich auf diesem Gebiet tätige Wissenschaftler zu verstärken und muß ein Büro für die Organisation erhalten.

d) Damit würden auch erste Voraussetzungen geschaffen, um zu einem späteren Zeitpunkt - ähnlich wie in den anderen sozialistischen Ländern - ein Institut für Hauswirtschaft oder ähnliches zu schaffen, das uns sicherlich voranhelfen würde.

HELGA ULBRICHT (Leipzig)

Ökonomische Forschungen zur Berufstätigkeit der Frau

Die Notwendigkeit, die mit dem Sieg der Arbeiterklasse errungene gesellschaftliche Gleichberechtigung der Frau - die in der Stellung zu den Produktionsmitteln gesellschaftlich, in Verfassung und Gesetzgebung de jure ihre Grundlagen hat - auch inhaltlichvoll zu sichern, bedarf hier keiner Begründung. Eine entscheidende Rolle spielt die Teilnahme am gesellschaftlichen Arbeitsprozeß - und zwar nicht die Teilnahme schlechthin, die gibt es auch im Kapitalismus und in kolonial unterdrückten Ländern. Vielmehr geht es um die bewußte gleichberechtigte Teilnahme an der Gestaltung des gesellschaftlichen Lebens, die im Arbeitsprozeß eine Zielstellung findet, um die vorhandenen oder entwicklungsfähigen Anlagen im Interesse der Gesellschaft ganz zu nutzen. Es gehört dazu auch, welcher Art der ausgeübte Beruf ist, ob das vorhandene Qualifikationsniveau ausgeschöpft wird, ob die Qualifizierung mit den steigenden Anforderungen der Arbeit Schritt hält, ob Fähigkeiten zu einer weiteren Qualifizierung genutzt werden, ob Berufstätigkeit von Dauer ist, ob der Einsatz gesellschaftlichen Nutzen bringt. Die Erfüllung dieser Faktoren steht in engstem Zusammenhang mit dem ideologisch-politischen Reifegrad und Entwicklungsprozeß der Persönlichkeit der Frau.

In der Forderung nach aktivem Mitwirken im gesellschaftlichen Arbeitsprozeß treffen sich zwei entscheidende Interessensphären der sozialistischen Gesellschaft:

An erster Stelle steht die gesellschaftspolitische Aufgabe, die Gleichberechtigung der Frau zu gewährleisten. Diese erfordert von der Frau volle Mitverantwortung für das Leben der Gesellschaft in dem ihrem Leistungsvermögen entsprechenden Aufgabenbereich. (Daß wir noch Reste der Vergangenheit zu überwinden haben, z. B. ist die Wahrnehmung der Gleichberechtigung im beruflichen Leben noch nicht überall durchgesetzt, ändert an der prinzipiellen Seite nichts.) Das heißt, daß nie auf dem jeweils erreichten Stand ausgeruht werden darf, sondern es handelt sich um eine ständige gesellschaftspolitische Aufgabe.

Auf der anderen Seite steht der Bedarf der Volkswirtschaft an aktiver Arbeitskraft. Auch dieser Bedarf besteht konkret hinsichtlich der Struktur der Arbeitskräfte (Alter und Geschlecht), der Stetigkeit der Teilnahme am Arbeitsprozeß, der Qualifikation und deren Ziele.

Beide Interessensphären treffen sich zugleich aber auch darin, daß die Erfüllung der biologischen Funktion der Frau für die Existenz der Gesellschaft und auch ihrer Volkswirtschaft Grundvoraussetzung ist. Sie ist damit eine gesellschaftliche Funktion. Zugleich aber wird - nachdem alle Hemmnisse in der Gleichberechtigung aus der kapitalistischen Vergangenheit überwunden sind - durch diese nur der Frau zufallende Funktion die spezifische Problematik ihrer Stellung in der Gesellschaft und der ökonomische Einsatz ihrer Arbeitskraft auch in der sozialistischen Gesellschaft begründet, was in der Zukunft immer neue Lösungen erfordert.

Völlig unbestritten ist für die sozialistische Gesellschaft, daß die Frau nicht mehr ausgebeutet wird. Sie ist auch keineswegs nur Arbeitskraft, sondern der Einsatz ihrer Arbeitskraft muß unter sozialistischen Bedingungen in jeder Phase persönlichkeitsfördernd sein. Es ist dies das gleiche Problem wie für den Mann - nur mit dem Unterschied, daß für die Frau zusätzlich die klare Voraussetzung gegeben sein muß, der steten Vereinbarkeit ihrer Mutterrechte und -pflichten mit dem Beruf und allen weiteren Erfordernissen, die der Persönlichkeitsbildung und -entwicklung dienen.

Auf der 11. Tagung des Zentralkomitees der SED sagte Walter Ulbricht: "Wir haben ganz gut gelernt, die Interessen der VVB, der Betriebe und ihrer Belegschaften mit den Interessen der Gesellschaft, wie wir sie gegenwärtig fixieren können, in Übereinstimmung zu bringen. Das gleiche gilt für die LPG und die Genossenschaftsbäuerinnen und -bauern. Wir haben es aber noch nicht vermocht, durch sorgfältige und tiefgründige Planung unter den jeweiligen konkreten Bedingungen die Interessen der Gesellschaft in ihrer optimalen Gestalt genau zu ermitteln."[1]

Zu diesen Interessen gehört die Berufstätigkeit der Frau unter dem Aspekt der Sicherung der Gleichberechtigung wie auch als Mittel der Persönlichkeitsentwicklung. Dazu hat auch die ökonomische Forschung wesentlich beizutragen. In der Volkswirtschaft der DDR sind 3,5 Millionen Frauen beschäftigt. Das sind 46,7 % aller Beschäftigten.[2] Ihr Anteil in verschiedenen Volkswirtschaftsbereichen hat sich seit Bestehen der DDR wesentlich erhöht (z. B. im Post- und Fernmeldewesen, im Handel). Die Berufstätigkeit der Frau ist also kein Sonderproblem, sondern fast genau soviel Frauen wie Männer stehen im Arbeitsprozeß, in wichtigen Bereichen der Wirtschaft überwiegt ihr Anteil sogar. Hier sind wir meines Erachtens selbst noch nicht voll mit dem Umdenken und mit allen daraus sich ergebenden Konsequenzen "fertig" - der Sozialismus setzt bzw. verlangt aber auch einige Maßstäbe hinsichtlich des Wirksamwerdens des Menschen im Arbeitsprozeß. Das gilt insbesondere für die Tatsache, daß die Teilnahme der Frau am Arbeitsprozeß der Regelfall ist. Für die Frau spielen aufgrund ihrer zusätzlichen gesellschaftlich-biologischen Funktion und der dadurch bedingten Konstitution eben bestimmte Bedingungen im Arbeitsprozeß selbst (Arbeitsgestaltung, spezifischer Gesundheits- und Arbeitsschutz, Arbeitszeitlänge und -dauer, Arbeitsorganisation) überhaupt oder zeitweise eine entscheidende Rolle. Dabei sind, ebenso wie bei der Kinderbetreuung während der Berufstätigkeit und der Problematik der Versorgungsarbeiten für die Familie (Erleichterung, zeitliche Inanspruchnahme, Verlagerung usw.), die nicht alle im Einflußbereich der Arbeitsstätte liegen, gesamtwirtschaftliche Lösungen erforderlich. Es geht für die Wirtschaft nicht darum, es der Frau zu ermöglichen, berufstätig zu sein und ihr damit besonders entgegenzukommen, sondern es geht darum, die beste ökonomische Variante des Einsatzes und der Nutzung ihres Arbeitsvermögens zu ermitteln, um dem Anliegen der Gesellschaft zur Sicherung der Gleichberechtigung voll Geltung zu verschaffen.

Im neuen ökonomischen System der Planung und Leitung kann es keine Reservate im Denken und Handeln in bezug auf den Arbeitseinsatz für fast die Hälfte der Werktätigen geben. Solange Formulierungen gebraucht werden wie: "Wir müssen stärker als bisher die Arbeitsbedingungen der Frau beachten", ist ein solches Denken noch nicht überwunden. Und so muß auch bei der Erforschung der Probleme des erweiterten Reproduktionsprozesses der gesellschaftlichen Arbeitskraft und aller Probleme, die den physischen und geistigen individuellen Reproduktionsprozeß der Leistungs- und Arbeitsfähigkeit zum Gegenstand haben oder berühren, dem entsprochen werden.

Um die effektivste Variante zu ermitteln, bedarf es intensiver Forschungsarbeit. Diese kann aber nicht allein von einem Forschungsgegenstand "Berufstätige Frau" oder "Berufstätigkeit der Frau" ausgehen, sondern die Problematik muß organisch in das jeweilige ökonomische Forschungshauptproblem eingebettet sein, um darüber hinaus auch in ihrer Spezifik erarbeitet zu werden. Ich stimme insofern den Ausführungen Dr. Knauers zu, als solche Umstände auch Spezialthemen rechtfertigen. Oft sind diese zugleich Gegenstand von Gemeinschaftsarbeit verschiedener Wissenschaftsdisziplinen, da die ökonomische Forschung im allgemeinen nur eine Seite der Fragestellung erfaßt, die sie zu behandeln hat, wobei sie die volkswirtschaftlichen Aspekte sichern muß.

Inge Lange sprach zu Recht davon, daß die Voraussetzungen noch nicht ausreichen, um den Frauen die gleichen materiellen Ausgangsbedingungen und Lebensumstände für die Berufstätigkeit zu schaffen, wie sie der Mann hat. Ich meine, es ist eine sehr wesentliche Aufgabe für die ökonomische Forschung, gerade solche Probleme in den gesamtökonomischen Zusammenhängen und Auswirkungsmöglichkeiten zu erforschen, damit wir schneller vorankommen.

Ein volkswirtschaftlich sehr wichtiges Problem ist die Entwicklung der Teiltagsarbeit. Irma Herrmann führte gestern einige ökonomisch sehr wesentliche Probleme auf, für die sie andere Lösungen zu suchen vorschlägt.

Die Teiltagsarbeit ist aber generell ein gesamtökonomisches Problem, notwendigerweise aufgeworfen als echtes Frauenarbeitsproblem unter dem Aspekt der Vereinbarkeit von Berufstätigkeit und den anderen gesellschaftlichen Pflichten der Frau. Dem steht einmal das Interesse der Volkswirtschaft an vollbeschäftigten Arbeitskräften gegenüber, denn die Teilzeitarbeit hat in den letzten Jahren nicht unerheblich zugenommen. Das Interesse der Volkswirtschaft verlangt ja z. B., die technischen Kapazitäten rationell zu nutzen. Somit wächst ihr Interesse an der Vollbeschäftigung, je höher der Anteil hochleistungsfähiger Maschinen liegt. Aus der Teilzeitbeschäftigung ergibt sich aber auch die Frage, wie das Qualifikationsniveau genutzt und weiterentwickelt werden kann; ferner sind Probleme der Erhaltung der ökonomischen Gleichberechtigung (Einkommenshöhe bei vergleichbarem Qualifikationsniveau), der Arbeitsproduktivität, des Krankenstandes, des gesamten physischen Reproduktionsgeschehens zu erforschen, und zwar in ihren gesamten volkswirtschaftlichen Zusammenhängen und Auswirkungen. Irma Herrmann sprach von der höheren Arbeitsproduktivität der Teilzeitbeschäftigten; wir sind vor Jahren, als Fernstudenten Untersuchungen vornahmen, zum gleichen Ergebnis gekommen. Unter welchen Voraussetzungen könnten die Erkenntnisse Allgemeingültigkeit gewinnen? Diese Problematik müßte im Zusammenhang mit den Erfordernissen der gesamten Wirtschaft (höhere Arbeitsproduktivität, steigendes Produktionsvolumen) gesehen und erforscht werden. Um zu entscheiden, inwieweit Teilzeitbeschäftigung ein echtes Hindernis für den Einsatz in mittleren und leitenden Funktionen ist, müßten solche Möglichkeiten, ob z. B. eine andere Funktionsverteilung in leitenden Stellungen möglich wäre, erforscht werden.

Ein anderes, großes Forschungsgebiet eröffnet sich in dem Ministerratsbeschluß über die "Grundrichtung des Arbeitsstudiums, der Arbeitsgestaltung und der Arbeitsnormung als Bestandteil der komplexen sozialistischen Rationalisierung" vom 2. Februar 1967.[3] Hier die Frauenproblematik von vornherein in alle Forschungskonzeptionen einzubeziehen, sowohl bei ökonomischen Projekten als auch bei Projekten der Gemeinschaftsarbeit von Arbeitswissenschaften und anderen Wissenschaftsdisziplinen - das wäre ein entscheidender Schritt zur komplexen Anlage dieser Forschung, auch hinsichtlich der Frauenarbeitsproblematik.

Die Erforschung der Arbeits- und Lebensbedingungen der berufstätigen Frau und ihre Rückwirkungen auf die Berufstätigkeit mit dem Ziel, die gleichberechtigte Stellung unter den jeweiligen Entwicklungsbedingungen der DDR zu sichern, ist ein ganz andersartiger ökonomischer Forschungskomplex mit zugleich sozialpolitischer Orientierung. Hierher gehören auch die Gedanken von Prof. Dr. Winter zum Kindergeld. Ich meine, die Erkennung und Anerkennung einer solchen Problematik ist eine sehr wichtige Seite - die Überprüfung der Realisierbarkeit die andere. Hier wäre die Verflechtung zwischen Einkommenssituation der Familien nach ihrer Größe sowie nach der Qualifikation der Eltern einerseits, der Ledigen andererseits und schließlich eines Teils der Sozialleistungen zu untersuchen und in Verbindung mit der Wachstumsrate des Nationaleinkommens eine Entscheidung vorzubereiten.

Es sind dies nur einige in die ökonomische Forschung insgesamt einzubeziehende Probleme der Berufstätigkeit der Frau, deren Untersuchung sehr dringlich ist. Weitere könnten genannt werden. Dr. Winde sagte, daß die Koordinierung der gesellschaftswissenschaftlichen Forschung erst in den Anfängen steckt. Dennoch werden doch viele ökonomische Grundfragen, die viele Probleme der Berufstätigkeit der Frau einschließen oder dafür sehr bedeutungsvoll wären, erforscht; und bei den Themen, die schon jetzt bearbeitet werden, scheint es mir sehr vorteilhaft zu sein, wenn diese Probleme der Frau erweitert und eventuell auch neue Themen aufgenommen werden würden, die unter dem Gesichtspunkt dieser Forschung besonders wichtig sind, aber nicht isoliert behandelt werden dürfen.

Noch einige Bemerkungen zur Struktur der Arbeitsgruppen des Beirates in Zusammenhang mit dem schon mehrfach zitierten Ministerratsbeschluß vom 20. Oktober 1966[4]. Ich schlage vor zu prüfen, ob man nicht die Tätigkeit der Arbeitsgruppen des Arbeitskreises I "Die gesellschaftliche Rolle der Frau beim umfassenden Aufbau des Sozialismus, unter

besonderer Berücksichtigung ihrer Entwicklung im Beruf" anstelle der bisherigen Gliederung künftig auf Hauptthemenkomplexe richten sollte, ohne sie an einen Wirtschaftszweig zu binden. Dabei sollte zugleich eine sehr enge Bindung und Koordinierung der Mitarbeit der Ministerien und VVB im Beirat gesichert werden. Das hätte eine gewisse Umstrukturierung der Arbeitsgruppen zur Folge. Darüber hinaus wäre auch eine themengebundene Koordinierung mit den verschiedenen Fakultäten der Universitäten und Hochschulen, in deren Bereich das jeweilige Forschungsgebiet fällt, stärker zu sichern. Der Beirat und seine Arbeitsgruppen des Arbeitskreises I könnten sich dann z. B. wesentlich stärker der Grundlagenforschung zuwenden. Die angewandte Forschung würde entsprechend dem soeben erwähnten Ministerratsbeschluß stärker unter Hauptverantwortung der Ministerien behandelt, wobei auch hier der Beirat bei der Deutschen Akademie der Wissenschaften koordiniert und anleitet.
Die bestehenden territorialen Zentren könnten erweitert (z. B. auf weitere Bezirke ausgedehnt) und im Sinne von Konsultationspunkten zu Zentren der Gemeinschaftsarbeit verschiedener Fachdisziplinen ausgebaut werden.

ANMERKUNGEN

1 W. Ulbricht, Probleme des Perspektivplanes bis 1970, Berlin 1966, S. 17 - 18.

2 Statistisches Jahrbuch der Deutschen Demokratischen Republik, Berlin 1966, S. 23.

3 In: Gesetzblatt der Deutschen Demokratischen Republik, Teil II, Nr. 18 v. 2. 3. 1967.

4 Vgl.: Gesetzblatt der Deutschen Demokratischen Republik, Teil II, Nr. 121 v. 7. 11. 1966, S. 777.

RUDOLF HABRECHT (Berlin)

Zu Aufgaben der pädagogischen Forschung

Die Bildung und Erziehung der Kinder und Jugendlichen ist eine weit in die Zukunft gerichtete Aufgabe. Die pädagogische Wissenschaft orientiert sich ganz darauf, die wissenschaftlichen Grundlagen und praktikablen Hilfen zu erforschen, die für die Erziehung sozialistischer Menschen notwendig sind.

Welche Rolle spielen von dieser Warte aus die Probleme der Entwicklung der Frauen und Mädchen in der pädagogischen Forschung?

Die Aufgaben der pädagogischen Forschung werden durch das Gesetz über das einheitliche sozialistische Bildungssystem bestimmt. Es gilt, dessen Grundideen schrittweise zu verwirklichen. Daher konzentriert die pädagogische Forschung ihre Kräfte völlig auf jene Aufgaben, deren Lösung durch die weitere Ausarbeitung und Bestimmung des Inhalts der Bildung und Erziehung in der sozialistischen Schule jetzt und in der nächsten Zeit eingeleitet werden müssen. Im Mittelpunkt unserer langfristigen Forschung und der daraus abgeleiteten Pläne für die einzelnen Jahre stehen die Aufgaben, die für eine allseitige Bildung und Erziehung des jungen Menschen, für die volle Entfaltung seiner Persönlichkeit ohne Unterschied des Geschlechts bestimmt sind. Allen Kindern müssen die gleichen Entwicklungsbedingungen gegeben werden.

Es sind im wesentlichen drei umfassende Projekte, mit denen wir gewissermaßen im Vorlauf einen Beitrag zur neuen gesellschaftlichen Stellung der Frau in unserer Republik leisten:

Erstens erarbeiten wir gegenwärtig - in sozialistischer Gemeinschaftsarbeit von Pädagogen, Fachwissenschaftlern sowie Lehrern und Leitern aus den Schulen - den neuen Inhalt der Allgemeinbildung, wie er den künftigen Bedürfnissen der Wirtschaft, Wissenschaft, Technik und Kultur entspricht.

Die neuen wissenschaftlichen Erkenntnisse werden schrittweise und sehr überlegt in die Praxis eingeführt.

Zweitens: Ein weiterer Schwerpunkt unseres Forschungsprogrammes ist die Lösung jener Fragen, die mit den theoretischen und methodischen Grundlagen des Lehr- und Lernprozesses und mit der Erhöhung der Effektivität des Unterrichts zusammenhängen, denn der neue Inhalt unserer Ausbildung und Erziehung kann mit den traditionellen Unterrichtsmethoden nicht erfolgreich vermittelt werden.

Drittens: Im Bereich der sozialistischen Erziehung konzentrieren wir die Untersuchungen auf die theoretischen und methodischen Probleme, die sich aus der allseitigen geistigen Erziehung und aus der weiteren Entwicklung der staatsbürgerlichen Erziehung ergeben; diese Probleme sind von der Schule, der Kinder- und der Jugendorganisation, den Eltern, den Betrieben und der gesamten Öffentlichkeit gemeinsam zu lösen.

Bei all diesen Untersuchungen erfassen wir die Gesamtheit der Schüler, d. h. die Mädchen und Jungen. Die Untersuchungen berücksichtigen gleichermaßen das Verhalten und die Leistungsergebnisse von Mädchen und Jungen, sie gehen aber, und das wurde von den Forschungskollektiven bislang nicht genügend beachtet, in der inhaltlichen Problematik, in ihrer analytischen Grundlage zu wenig differenziert auf die Übereinstimmung bzw. Abweichung im Verhalten zwischen Mädchen und Jungen ein. Echte Ansatzpunkte für spezifische Untersuchungen bei Mädchen und Jungen sehen wir bei folgenden Forschungskomplexen: in pädagogisch-psychologischen Untersuchungen des Lehr- und Lernprozesses; im mathematisch-naturwissenschaftlichen Unterricht und besonders im polytechnischen Unterricht unter dem Aspekt, wie Mädchen für technische Berufe und für ein mathematisch-naturwissenschaftliches oder technisches Studium gewonnen werden können. Damit in Verbindung stehen spezifische Untersuchungen zur Berufsorientierung und Berufswahl der Mädchen, im Bereich der moralischen Erziehung, insbesondere zu Problemen der Sexualerziehung und der Gesundheitserziehung. In diesen Forschungsbereichen gehen wir von den unterschiedlichen Erfordernissen bei Mädchen und Jungen aus und berücksichtigen die geschlechtsspezifischen Besonderheiten.

Als eine weitere mittelbare Hilfe für die Lösung der Aufgaben, die sich aus der neuen Rolle und Stellung der Frau in unserem Staat ergeben, möchten wir zwei weitere bedeutende Forschungsvorhaben nennen: Das ist zum ersten die Forschung auf dem Gebiet der Familienerziehung. Hier arbeitet bereits seit mehreren Jahren eine stabile Forschungsgemeinschaft des Wissenschaftlichen Rates des Ministeriums für Volksbildung am Diesterweg-Institut der Pädagogischen Fakultät der Humboldt-Universität zu Berlin. Das Gremium wird seine Ergebnisse 1967 veröffentlichen, als erstes ein Buch zur Arbeit des Klassenleiters mit den Eltern. Zum anderen sind es die Untersuchungen zu Problemen der Tageserziehung, besonders in Schulhorten. Gegenwärtig sind wir dabei, diese Forschungsgemeinschaft, die bereits wertvolle Veröffentlichungen aus Untersuchungen im Bereich der Tagesschule aufzuweisen hat, neu zu bilden, ihre Arbeit weiter zu fassen und auf das Gesamtgebiet der Tageserziehung auszuweiten.

Da die Volksbildung zu den Bereichen mit einem hohen Anteil an Frauen gehört, bleibt zu fragen: Welche Forschungen führen wir durch, um begründete Maßnahmen für das Ministerium vorzubereiten, die sich aus der Stellung und Rolle der Lehrerinnen und Leiterinnen in den Einrichtungen der Volksbildung und der Wissenschaftlerinnen im Bereich der pädagogischen Lehre und Forschung ergeben?

In dieser Hinsicht gibt es erste Ansätze, die wir in unserer Forschungsarbeit weiter ausbauen werden. Wir haben im Wissenschaftlichen Rat des Ministeriums 1966 eine Sektion Leitungswissenschaft gebildet. Unter deren Leitung haben sich Forschungsgemeinschaften und Arbeitsgruppen konstituiert. Diese beschäftigen sich mit Untersuchungen zur Entwicklung des Systems der wissenschaftlichen Leitung im Bereich der Volksbildung, zur Bildungsökonomie und damit zu Problemen des Bedarfs an Lehrerinnen und Lehrern sowie deren Einsatz und der Fluktuation, mit Problemen der Weiterbildung der Lehrerinnen und Lehrer, den Grundsätzen, dem Inhalt, den Formen und Methoden der Verwirklichung dieser Aufgaben.

Im Bereich der Lehre und Forschung in den Einrichtungen der Lehrerausbildung haben wir erstmalig eine Erhebung durchgeführt, die uns interessante Schlüsse über die Stellung, Rolle und Probleme der Frau im Bereich der Lehre und Forschung ermöglicht. Gegenwärtig sind wir dabei, dieses Material zu vervollkommnen und weiter auszuwerten.

Zusammengefaßt ergeben sich für uns zwei Hauptprobleme, mit deren Lösung wir auch viele andere Wissenschaftler im Sinne der heutigen Tagung ansprechen werden:
Wir haben erstens uns in der Abteilung Wissenschaft des Ministeriums für Volksbildung die Aufgabe gestellt, den Forschungskollektiven bewußt zu machen, warum und bei welchen Aufgaben es uns notwendig erscheint, spezifische Untersuchungen für Mädchen und Jungen durchzuführen. Wir werden dieses Prinzip bei der Beratung der Forschungsaufgaben und der Forschungskonzeptionen in den Gremien des Wissenschaftlichen Rates, besonders in der Arbeit seiner Sektionen, stärker beachten.

Wir erachten zweitens auch im Interesse der auf dieser Tagung beratenen Aufgaben eine komplexere Zusammensetzung der Forschungskollektive, das heißt ein Miteinander von Pädagogen, Methodikern, Hygienikern, Psychologen, Philosophen, Medizinern und Soziologen, für notwendig. Wir streben einen hohen Grad der Komplexität und der Integration der einzelnen Teilbereiche der pädagogischen Wissenschaft mit anderen Wissenschaften an. Vor allem bei den speziellen Problemen der Frauen und Mädchen werden wir erfahrene Frauen aus allen Bereichen des gesellschaftlichen Lebens einbeziehen.

GEROLD SCHNEIDER (Berlin)

Entwicklung technischer Interessen bei Mädchen

Wir haben die Wirkungen berufsorientierend organisierter technischer Arbeitsgemeinschaften auf die Entwicklung persönlicher Berufsperspektiven bei Mädchen des 7. Schuljahres untersucht, wobei es uns darum ging und geht, effektive Methoden zur Gewinnung von Mädchen für technische, speziell elektrotechnische Berufe zu entwickeln. Bei der Anlage unseres pädagogischen Experiments konnten wir uns auf bestimmte Arbeitsergebnisse der Forschungsgemeinschaft "Berufsaufklärung, Berufsorientierung" des Wissenschaftlichen Rates beim Ministerium für Volksbildung stützen. Von folgenden gesicherten, in diesem Zusammenhang relevanten Erkenntnissen konnten wir ausgehen:

Eine den objektiven und subjektiven Bedingungen optimal entsprechende Berufsentscheidung verlangt - aufgrund des dabei vom Schüler zu beachtenden vielschichtigen und komplizierten Bedingungsgefüges - in zunehmendem Maße, daß unsere Kinder und Jugendlichen durch die ältere Generation für eine bewußte, von Sachkenntnis getragene Berufsentscheidung befähigt werden; dies um so mehr, als im Hinblick auf die mit der technischen Revolution einhergehenden raschen Veränderung der Berufe die Problematik von dem einzelnen und erst recht von dem Heranwachsenden immer weniger überschaut werden kann. Berufsentscheidungen, die ohne gründliches Vorbereiten getroffen werden, können im allgemeinen nicht die erforderliche Übereinstimmung zwischen den Fähigkeiten und Handlungsantrieben einerseits und den gesellschaftlichen Erfordernissen des Kaderbedarfs andererseits herstellen, ganz abgesehen von den mobilisierenden Wirkungen auf den Lern- und Arbeitswillen und die Persönlichkeitsentwicklung, die von einer frühzeitig erkannten persönlichen Berufsperspektive ausgehen.

Die bisher vorliegenden wissenschaftlichen Ergebnisse der Forschungsgemeinschaft verifizieren die zunächst theoretisch abgeleitete Ausgangsposition, daß es, bezogen auf den einzelnen Schüler, prinzipiell möglich ist, ein solches pädagogisches Bedingungsgefüge zu schaffen, das bei ihm die Entwicklung einer bestimmten, von ihm anerkannten und vertretenen persönlichen Berufsperspektive zur Folge hat. So wie jede pädagogische Arbeit geht auch die Bildungs- und Erziehungsarbeit zur Berufsfindung von einer wissenschaftlich begründeten Zielstellung aus. Das setzt voraus, daß von den Erziehern auf der Grundlage einer umfassenden Konditionsanalyse eine wissenschaftlich begründete Zielstellung (Berufsempfehlung) der Entwicklung persönlicher Berufsperspektiven erarbeitet wird. Eine derartige Berufsempfehlung führt zwischen folgenden drei Seiten eine optimale Übereinstimmung herbei:

Erstens den gegebenen und bei voller Entfaltung aller psychischen und physischen Kräfte prognostisch möglichen und wahrscheinlichen individuellen Voraussetzungen (Wissen, Können, Neigungen, Einstellungen, Überzeugungen),

zweitens den gegenwärtig und zukünftig an den Ausübenden eines bestimmten Berufs bzw. Angehörigen einer bestimmten Berufsrichtung gestellten körperlichen und geistigen Anforderungen und

drittens den gesellschaftlichen Erfordernissen hinsichtlich der qualitativen und quantitativen Entwicklung und Verteilung des Nachwuchses auf die Berufe bzw. Berufsrichtungen.

Gegenwärtig ist es wegen des Fehlens praktikabler wissenschaftlicher Methoden der Fähigkeitsmessung nur in bescheidenem Maße möglich, solche wissenschaftlich begründeten Empfehlungen zu erarbeiten. Das besagt aber nicht, daß heute ausreichend begründete Berufsempfehlungen zu erarbeiten nicht möglich wäre.

In unser Experiment wurden solche Mädchen einbezogen, die bis dahin überwiegend weder die Absicht hatten, in eine technische Arbeitsgemeinschaft einzutreten, noch wiesen sie - und das scheint uns wesentlich zu sein - irgendwelche quantifizierbaren technischen (vorwiegend elektrotechnischen) Interessen auf bzw. sie beschäftigten sich nicht mit technischen Aufgaben und Problemen, die über das allgemeine Niveau des Werkunterrichts hinausgingen. Für diese Bedingungen entschieden wir uns aus zweierlei Gründen: erstens, um die Interessenveränderungen sicherer messen zu können, und zweitens, um nachweisen zu können, daß auch vorgeprägte Zustände (Antriebe) sich zu einer positiven Aufhebung führen lassen. Es wurden also solche Mädchen zur Mitarbeit in den Versuchsarbeitsgemeinschaften gewonnen, deren Berufswünsche auf nichttechnischen Gebieten lagen und die zum Teil einer wissenschaftlich begründeten Berufszielsetzung, insbesondere hinsichtlich der gesellschaftlichen und individuellen beruflichen Voraussetzungen und Möglichkeiten, erheblich widersprachen.

Einige Fakten sollen deutlich machen, daß es in relativ kurzer Zeit möglich ist, die beruflichen Interessen der Mädchen auf bestimmte technische Berufe zu lenken, für die volkswirtschaftlich ein großer Bedarf an weiblichem Nachwuchs besteht. Von den 41 in die Wertung einbezogenen Mädchen hatten nach einem Jahr Mitgliedschaft in einer unserer Versuchsarbeitsgemeinschaften 22 (= 54 %) ihre Berufswünsche eindeutig und über mehrere Untersuchungsetappen hinweg richtungskonstant in Richtung Elektrotechnik verändert. Mit 10 dieser Mädchen konnten noch im selben Jahr Lehrvorverträge mit dem vorgesehenen Ausbildungsbetrieb abgeschlossen werden. Zwei weitere Mädchen änderten gegen Ende des Versuchs ihren Berufswunsch, so daß sich 59 % aller erfaßten Mädchen innerhalb eines Jahres eindeutig zu der durch die Berufsorientierung beabsichtigten Richtung hinwendeten.

Von den in die Vorauswahl aufgenommenen Mädchen äußerten in der schriftlichen Befragung nur 4 %, daß sie eventuell bereit wären, in eine elektrotechnische Arbeitsgemeinschaft (AG) einzutreten. Aber im Werbegespräch, das die durch die AG beabsichtigte berufsaufklärende Hilfe deutlich machte, entschieden sich 86 % der Befragten für den Eintritt in eine solche AG. Wenn man den geringen Anteil der Mädchen im Vergleich zu den Jungen in elektrotechnischen AG beachtet (in unserem Untersuchungsbereich lag er bei etwa 15 %), so wird deutlich, welche Potenzen auf diesem Gebiet noch brachliegen.

Aufgrund der Arbeitsergebnisse schätzen auch wir ein, daß - sobald bei den Mädchen das Vertrauen in die eigene Leistungsfähigkeit auf einem bestimmten technischen Gebiet geschaffen worden ist - es keine prinzipiellen Unterschiede in den Leistungsdispositionen zwischen Mädchen und Jungen gibt. Die Ergebnisse zeigen, daß auch ein solches pädagogisches Bedingungsgefüge geschaffen werden kann, daß die Mädchen aus den Nachwirkungen der doppelten Unterdrückung der Frauen und Mädchen in der antagonistischen Klassengesellschaft auch auf dem Gebiet ihrer beruflichen Interessen und Einstellungen sowie hinsichtlich einer richtigen Einschätzung ihrer Leistungsfähigkeit auf den Gebieten, die früher in erster Linie den Männern vorbehalten waren, bei Einsatz entsprechender pädagogischer Mittel zu befreien sind.

Als entscheidend dafür sehen wir die Errichtung eines pädagogischen Zentrums an, das sich für die Schaffung einer einheitlichen berufsorientierenden Zielstellung - bezogen auf das einzelne Mädchen - aller auf den Berufsfindungsprozeß einwirkenden Erziehungskräfte und für ihre Verwirklichung im Prozeß der Bildung und Erziehung verantwortlich macht. In unserem Falle wurde dieses Zentrum durch die AG repräsentiert. Hierbei konnte vor allem ein hochsignifikanter Zusammenhang zwischen den berufsorientierenden Ergebnissen der AG-Tätigkeit und der entsprechenden Einflußnahme seitens der Eltern ermittelt werden. Als übergreifende pädagogisch-methodische Aspekte, die bei der Gestaltung der berufsorientierenden Arbeit beachtet wurden, möchten wir folgende nennen: 1. Die Mitglieder der AG müssen eine Zielorientierung erhalten. Das ist eine Seite der Führungstätigkeit in diesem pädagogischen Prozeß, die unmittelbar darauf gerichtet ist, die Mädchen im Sinne der wissenschaftlich begründeten Berufsempfehlung zu aktivieren und die Selbsttätigkeit anzuregen; 2. kommt es darauf an, den Mädchen vom ersten Tage an Erfolgserlebnisse bei höchstmöglichen Leistungsanforderungen zu sichern und stets die Freude auf das Morgen zu erhalten; 3. müssen sie von ihrer eigenen Leistungsfähigkeit auf dem entsprechenden technischen Gebiet überzeugt werden; 4. ist bei den Mädchen ein entsprechendes Perspektivbewußtsein zu entwickeln.

Mit diesem pädagogischen Experiment hoffen wir ein Modell erarbeitet zu haben für einen Weg, der in unserer Republik überall gegangen werden kann. Wir hoffen ferner, damit das Problem der Gewinnung von Mädchen für technische Berufe teilweise gelöst zu haben.

SIEGFRIED LANGE (Rostock)

Gesellschaftliche Erziehung der Kinder und Förderung der Frauen

Auf dieser Tagung wurden unter den Aufgaben der Wissenschaft, die mittelbar die Entwicklung und Förderung der Frau betreffen, die Probleme der gesellschaftlichen Erziehung der Kinder genannt. Meines Erachtens handelt es sich aber hierbei zumindest um einen Grenzbereich, der bedeutsame Übergänge zur unmittelbaren Einflußnahme aufweist. Einmal, weil es sich um unsere Kinder handelt, deren Erziehung und Betreuung sowohl Anliegen der Mütter (der Eltern) wie auch der Schule ist; zum anderen, weil hier unmittelbare Einwirkungen vorliegen auf die Entwicklung der Mädchen und weiblichen Jugendlichen in der Schule, auf die der Lehrerinnen und Erzieherinnen, auf die der Frauen und Mütter im Prozeß der gesellschaftlichen Erziehung. Denn diese erfolgt in einer sozialistischen Menschengemeinschaft im Prozeß der gemeinsamen Bewältigung von Aufgaben und Vorhaben, die auf alle Beteiligten einwirken, auf ihr Bewußtsein, auf die Qualifizierung und Befähigung in pädagogisch-erzieherischen Fragen, auf ihre Rechte und Pflichten im gesellschaftlichen Leben.

Die von Prof. Dr. Hartke an der pädagogischen Forschung geübte Kritik ist vollauf gerechtfertigt. Ich möchte sie noch ergänzen. Die Zentrale Forschungsgemeinschaft Tageserziehung besteht seit etwa sechs Jahren. Sie hat sich allerdings nicht nur mit Fragen der Tagesschulen befaßt, sondern immer den Prozeß der ganztägigen Erziehung als Einheit gesehen, einschließlich der Horte. Aber deshalb waren die Proportionen nicht in Ordnung, denn die Masse der Kinder befand sich in den Tagesklassen und Tagesgruppen der Unterstufe. Die dringendsten Probleme lagen hier; tausende Horterzieherinnen benötigten die größte Hilfe. Diese Konzentration der Forschung auf die Unterstufe und ihre Horte wurde jedoch versäumt. Daß dabei auch noch unzureichende Unterstützung und Anleitung seitens zentraler Organe sowie ausgeprägtes Ressortdenken eine Rolle spielten, sei hier nur am Rande vermerkt. Trotzdem hat die Forschungsgemeinschaft gute Ergebnisse aufzuweisen. Dazu gehören zahlreiche Habilitationen und Dissertationen sowie Beiträge, Artikel und Materialien zu Grundsatzfragen der Tageserziehung, zur inhaltlichen und methodischen Gestaltung, zur Hausaufgabenanfertigung, zur Gestaltung des Tages- und Wochenablaufs, zur Rolle der Pionierorganisation.

Es kann wohl gesagt werden, daß wesentlich mehr Arbeiten, Ergebnisse, Empfehlungen usw. vorliegen, als bisher in die Praxis umgesetzt worden sind.

Eine gewisse Beeinträchtigung der Kontinuität in der Forschung zur Tageserziehung gab es seit etwa zwei Jahren, hervorgerufen durch die Umstrukturierung im Deutschen Pädagogischen Zentralinstitut, durch die notwendige Konzentration auf die Lehrplanvorhaben, vor allem aber durch die Orientierung der Forschungsgemeinschaft auf ihre Gliederung und Organisierung nach thematischen Schwerpunkten. Die Forschung sollte also nicht mehr institutionell gebunden sein (an die Form der Tagesschule bzw. Tagesklasse), sondern die Probleme der Tageserziehung sollten prinzipieller Bestandteil aller pädagogischer Forschungsvorhaben werden. Dieser Beschluß war durchaus verständlich und berechtigt, aber eben einseitig; denn verabsäumt wurden von nun ab die Untersuchungen zu den spezifischen Problemen der Institutionen, nämlich des Hortes wie der Tagesschule.

An dieser Stelle sei die Bemerkung gestattet, daß die im Referat wie in den Thesen vertretene Ansicht, wonach es keine spezielle Frauenforschung gäbe, da diese Probleme in die Untersuchungen der generellen Fragen einbezogen werden müßten, einer Ergänzung bedarf. Notwendig sind nach unseren Erfahrungen auch Untersuchungen zu den speziellen Problemen der Entwicklung der Frau, die es gewiß gibt.

Während dieser Monate wurden aufgrund unserer Erfahrungen mit der Neuformierung und Neuprofilierung der Zentralen Forschungsgemeinschaft Tageserziehung begonnen. Sie wird im wesentlichen aus zwei Gruppen bestehen: der Gruppe des Deutschen Pädagogischen Zentralinstituts (DPZI), die sich der Tageserziehung in den Horten der Unterstufe widmet, und dem Forschungszentrum Rostock, das sich weiterhin den Problemen der Tagesschule zuwenden wird. Nunmehr versuchen wir also, inhaltliche und institutionelle Gesichtspunkte miteinander zu verbinden, wobei die Hauptkapazität der Forschung - mit Hilfe des Ministeriums für Volksbildung und des DPZI - auf den Hortbereich der Unterstufe konzentriert wird. Dafür gibt es gute Gründe; denn fast die gesamte Kapazität der Tageserziehungsplätze und der Erzieherinnen befindet sich in der Unterstufe; denn hier liegen von der inhaltlichen Gestaltung wie von den Alters- und psychologischen Besonderheiten her große Probleme. Schließlich haben wir einfach nicht die Kraft, alle Probleme der Tageserziehung zu gleicher Zeit und mit gleichem Aufwand zu lösen.

Zur gleichen Zeit wird sich in Rostock eine kleine Gruppe den Problemen der Tagesschule zuwenden, wiederum nicht an die Institution, an eine vorgegebene Form gebunden, die mit Inhalt zu füllen ist; vielmehr werden wir unsere Untersuchungen zum Inhalt, zum Wesen und Charakter der Tageserziehung in den Mittel- und Oberstufenklassen durchführen, aus denen sich dann deren optimale Form ergeben wird. Auch diese Forschung ist nötig. Die Probleme sind herangereift, die gesellschaftlichen Aufgaben liegen vor. Immerhin bestehen gegenwärtig in der DDR 150 Tagesschulen, die alle Hilfe benötigen. Die Wissenschaft muß zudem einen Vorlauf schaffen. Hier und heute müssen wir den Prozeß der gesellschaftlichen Erziehung in der vollendeten sozialistischen Gesellschaft zu organisieren beginnen und ihn beherrschen lernen.

Zur Begründung der gesellschaftlichen Erziehung:

In den Thesen zu dieser Arbeitstagung heißt es, daß die wachsenden gesellschaftlichen Anforderungen an die allseitige Entwicklung der Frau und deren wachsende Bedürfnisse selbst eine verstärkte wissenschaftliche Arbeit auf dem Gebiet der gesellschaftlichen Erziehung und Betreuung der Kinder verlangen. Die objektiven Entwicklungsprozesse der technischen Revolution, das neue ökonomische System, die sozialistische Demokratie schließen auch die Weiterführung des Kampfes um die politische und soziale Befreiung der Frau ein. Die Fragen der Schule, speziell der Ganztageserziehung, sind hiermit untrennbar verbunden. Es geht darum, schulische Einrichtungen zu schaffen und Maßnahmen einzuleiten, die der Frau die berufliche Tätigkeit, die Qualifizierung, die Teilnahme am beruflichen und gesellschaftlichen Leben gestatten und ihr die Gewißtheit geben, den Tätigkeiten und Verpflichtungen ohne Sorge um das Wohl ihrer Kinder nachgehen zu können. Gleichzeitig kommt es darauf an, auf der Grundlage übereinstimmender persönlicher und gesellschaftlicher Interessen die gemeinsame Erziehung der Kinder durch Schule und Elternhaus zu sichern.

Ausdruck der gesellschaftlichen Entwicklungstendenzen wie der persönlichen Interessen und Wünsche sind die im Parteiprogramm der SED und im Bildungsgesetz fixierten Aufgaben der weiteren Entwicklung der Tageserziehung durch den weiteren Ausbau der Horte, Tagesklassen und -gruppen, vor allem für die Unterstufe, durch den schrittweisen Ausbau der Tageserziehung an allen Oberschulen für eine ständig wachsende Schülerzahl.

Der Charakter der ganztägigen Erziehung als Prozeß der gesellschaftlichen Erziehung ist aus den genannten gesellschaftlichen Anforderungen und Aufgaben abzuleiten; Hort, Heim, Internat haben alle zunächst eine soziale Aufgabe (der Versorgung der Waisen, der Kinder berufstätiger Mütter, der Sicherung des Rechts auf Bildung usw.). Gleichzeitig wird unter unseren Bedingungen damit auch immer die politische und ökonomische Aufgabe im Kampf um die Gleichberechtigung, um die Berufstätigkeit der Frau, um die Entwicklung ihrer Persönlichkeit verbunden. In wachsendem Maße kommt unter den jetzigen gesellschaftlichen Forderungen aber die ideologisch-politische und pädagogische Begründung und Sinnerfüllung der ganztägigen Einrichtungen dazu.

Es geht also nun auch und vor allem um die ideologisch-politischen Fragen des gesellschaftlichen Charakters der Erziehung, um die pädagogisch-methodischen Probleme moderner sozialistischer Bildung und Erziehung, um die gesellschaftlichen Bedürfnisse und Anforderungen im Zeitalter des Sozialismus, der technischen Revolution. Es geht also nicht um eine quantitative Erweiterung des Schultages, um ein paar Stunden mehr unter Aufsicht. Es geht um die neue Qualität der sozialistischen Bildung und Erziehung, um die organische Einheit von Schule und Leben, Unterricht und Arbeit, von Lernen, Arbeiten und Spielen, von politischer, kultureller und sportlicher Tätigkeit in einem einheitlichen organischen System, zu dessen Trägern neben der Schule auch die Familie, die Pionierorganisation, die Arbeiter des Patenbetriebes, die demokratische Öffentlichkeit gehören. Dieses System muß die Vielfalt der Formen und Möglichkeiten der Selbsttätigkeit und Selbständigkeit der Kinder, ihrer Mitverantwortung und Selbsterziehung umfassen. Es muß ein einheitliches und geschlossenes Übungs- und Bewährungsfeld der Kenntnisse und Fertigkeiten, Einstellungen und Haltungen, Handlungen und Verhaltensweisen eines sozialistischen Staatsbürgers sein. Die Formen dieser ganztägigen Erziehung wären zunächst Internate, Heime, Horte, Tagesschulen u. ä.. Aber weder personell noch materiell wäre diese Aufgabe in den nächsten Jahren lösbar, auch noch nicht vom wissenschaftlichen Standpunkt, z. B. bei der Frage, wie diese Tagesschule aussehen sollte.

Vorläufig müssen wir unsere Kapazität also auf die Horte konzentrieren, auf die Unterstufe; dort ist sie am dringendsten nötig, um die Kluft zwischen der Zahl der Kindergartenplätze und der der Horte zu schließen, aber auch wegen der Altersstufe und der damit verbundenen Betreuung der Kinder. Aber was folgt dann? Ist das Problem gelöst, wenn man es um 3 bis 4 Jahre hinausschiebt? Werden die berufstätigen Frauen mit Kindern in den 4., 5., 6., 7. Klassen nicht vor der gleichen Frage stehen, ob sie noch ihrem Beruf nachgehen können, ja dürfen, wenn sie ihre Kinder sich selbst überlassen wissen? Die Probleme dieser Altersstufe sind zwar anders als die in den Unterstufen, aber keineswegs geringer. Nein, wir müssen einen anderen Lösungsweg finden. Vorbereitet durch die Arbeit der Horte und anderer außerunterrichtlicher Formen, aufbauend auf das bislang erreichte Erziehungsniveau muß nun verstärkt das System der gesellschaftlichen Erziehung einsetzen, dessen Charakter vorstehend erläutert wurde, dessen Inhalt und Formen jetzt kurz darzustellen wären.

Das Problem der gesellschaftlichen Erziehung ließe sich unter vier Apsekten behandeln: die Frau als Lehrerin bzw. Erzieherin, die Frau als berufstätige Mutter, die Frau als Elternteil (mit oder ohne Beruf), die Schülerin und ihre Vorbereitung auf ihre Stellung als Frau in der sozialistischen Gesellschaft. Oder man könnte das Anliegen komplex darstellen: die koordinierende Rolle der Schule, unter Einbeziehung der Kinder und Jugendlichen, mit Unterstützung der Familie, des Betriebes, der Öffentlichkeit. Auf eins muß nämlich noch einmal mit aller Deutlichkeit hingewiesen werden: Die Schule hat in diesem Zusammenhang nicht den Charakter eines "Dienstleistungsbetriebes", der den Frauen Sorgen, Pflichten, Arbeit, Verantwortung abnimmt. Die Aufgabe der Schule ist nur lösbar, wenn die Frauen und Mütter in den Prozeß der gesellschaftlichen Erziehung einbezogen werden, wo sie selbst wirksam werden - als Mitglied des Patenbetriebes oder der Patenbrigade, des Elternbeirats oder des Elternaktivs, als Mutter, die in der Hortgruppe mithilft usw.

Einige Bemerkungen zu den Aufgaben und zum Inhalt der Tageserziehung. Am Anfang muß die ideologische Arbeit mit Lehrern, Eltern und Schülern stehen, allen den Sinn und die Notwendigkeit und den Charakter der Ganztagserziehung zu erläutern, um sie zu gewinnen und zu mobilisieren. Den Eltern gilt es klarzumachen, daß sie die Tagesschule nicht als Betreuungs- und Nachhilfeeinrichtung ansehen, als "Kindergarderobe", die ihnen alle Erziehungspflichten abnimmt, sondern daß sie weiterhin wesentliche Pflichten und große Verantwortung bei der Erziehung ihrer Kinder behalten.

Bei den Kindern gilt es zu berücksichtigen, daß sie anspruchsvoller (im positiven Sinne), kritischer, aufgeschlossener geworden sind, daß sich unsere sozialistische Ordnung in ihrem Leben und Denken widerspiegelt, daß sie die ganze Atmosphäre der sozialistischen

Demokratie erleben und spüren, die Ehrlichkeit, Freizügigkeit, Offenheit, Kritikfreudigkeit, die gesellschaftliche Wertschätzung derjenigen, die sich einsetzen, die Verantwortung tragen für das Ganze, die durch Kritik verändern. Es müßte für die Kinder eine seltsame Welt sein, wenn das alles nur außerhalb der Schule, außerhalb der Familie, nur für die "Großen" gelte. Unsere Schlußfolgerung muß deshalb sein: Die sozialistische Demokratie fängt in der Schule an! Wir müssen die Kinder und Jugendlichen einbeziehen in die Bewältigung der uns gestellten Aufgaben, wir müssen sie anhören, sie müssen die Möglichkeit haben, zu fragen, zu beraten, sich eine Meinung zu bilden, sich zu entscheiden! Und wir müssen ihnen dabei helfen, unsere sozialistische Wirklichkeit von Jahr zu Jahr ein Stück mehr zu überschauen, zu durchdringen, zu gestalten, Anteil zu haben an dem, was unser Leben und unseren Kampf ausmacht. Dies alles muß die Grundtendenz unserer Arbeit mit den Kindern, unsere Haltung zu ihnen bestimmen - in der Schule wie in der Familie.

Daraus ergibt sich auch die Notwendigkeit, die außerunterrichtliche Erziehung als Bestandteil des Lebens in der FDJ und in der Pionierorganisation zu betrachten. Dementsprechend müssen wir die Pioniergruppenräte und FDJ-Leitungen anregen und befähigen, ein interessantes und sinnvolles Leben unter ihren Mitgliedern zu entwickeln.

Die Leistungen der Schule - sowohl als Voraussetzung für die Gewinnung der Kinder wie für das Vertrauen der Eltern - müßten in folgendem bestehen:
erstens eine solide Bildungs- und Erziehungsarbeit entsprechend den Lehrplanforderungen;
zweitens eine ausreichende soziale und hygienische Betreuung, von der Unterstufe weitergeführt bis zu Formen weitgehender Selbstkontrolle (Sauberkeit, Hygiene, viel Bewegung bei Sport und Spiel an der frischen Luft, Ruhemöglichkeiten, ausreichende Ernährung);
drittens eine vollständige, saubere und gewissenhafte Anfertigung der Schulaufgaben (beim Hort im Klassenverband, in der vorgesehenen Zeit unter ständiger Aufsicht); in der Tageserziehung der mittleren und oberen Klassen ist das nicht möglich und auch nicht notwendig. Zum letzteren einige Erläuterungen: Auch hier sind die Hausaufgaben Bestandteil des ganztägigen Erziehungsprozesses; dementsprechend muß von der Schule Einfluß genommen werden auf die Vorbereitung (Anleitung, Arbeitstechniken), auf die Durchführung (Zeit, Ort, Arbeitsbedingungen, Fertigkeiten) und auf das Ergebnis (Vollständigkeit, Sauberkeit, Richtigkeit) der Aufgaben. Die Schüler könnten durch Formen der gesellschaftlichen Erziehung wie folgt unterstützt werden: Pädagogen, Gruppenrat und Aktiv der Klasse beraten, wer allein und verantwortungsbewußt arbeitet, wer Hilfe und Anleitung benötigt, bei wem nachhaltigere Formen der Einwirkung angebracht sind. Überdies können Maßnahmen beschlossen und organisiert werden: Einzelne Schüler werden durch Paten angeleitet; andere schließen sich in kleinen Zirkeln zusammen und entwickeln kollektive Arbeitsformen; bei den dritten werden vom Gruppenrat regelrechte Kontrollen durchgeführt; schwächere, zeitweilig zurückgebliebene Schüler könnten in einer Lerngruppe vereinigt werden, die durch eine Mutter daheim, in einer Wohnung, Hilfe erhalten. Die letzte Aufgabe kann natürlich auch ein Vater übernehmen, ein Rentner, eine ausgeschiedene Lehrerin oder die DFD-Gruppe.
Fazit: Die Anfertigung der Schulaufgaben muß also keineswegs durch die Schule beaufsichtigt und durchgeführt werden, aber sie muß das System der gesellschaftlichen Möglichkeiten und Maßnahmen organisieren und koordinieren.

Was die vielseitige und interessante Freizeitgestaltung betrifft, so steht auch hier nicht die Vollständigkeit der Bereiche und Formen, sondern das ideologisch-politische Niveau der Tätigkeitsinhalte und die Effektivität der Erziehungsergebnisse im Vordergrund.

Abschließend einige Gedanken zu den Aufgaben der pädagogischen Wissenschaft und Praxis. Worauf kommt es dabei an? Auf die qualitative Verbesserung der Bildung und Erziehung im Unterricht und im außerunterrichtlichen Bereich, alle Erziehungsträger einbeziehend; auf die schrittweise Erweiterung der Tageserziehung an allen Oberschulen, wozu noch viele Reserven erschlossen werden können; auf das stärkere Mittun der gesellschaftlichen Organisationen, Betriebe und Institutionen bei der gesellschaftlichen Erziehung der Jugend, auf das weitere Klären herangereifter spezifischer Probleme der Zusammenarbeit von Schule, Familie, Jugendorganisation und Kinderorganisation, um das Bewußtsein und die Persönlichkeit im und durch das Kollektiv zu entwickeln.

Diesem letzteren Problem hat sich das Forschungszentrum Tagesschulen Rostock zugewandt, wobei wir aufgrund der Anregungen der heutigen Tagung stärker als bisher mit Hilfe des Wissenschaftlichen Beirates "Die Frau in der sozialistischen Gesellschaft" die spezifischen Probleme der Mädchen und Frauen berücksichtigen wollen.

ARNOLD KNAUER (Berlin)

Zu einigen Anliegen der Frauen in der Berufswissenschaft

Auf dieser Arbeitstagung wurde schon mehrmals die "Anordnung über die Aus- und Weiterbildung von Frauen für technische Berufe und ihre Vorbereitung für den Einsatz in leitenden Tätigkeiten" vom 7. Juli 1966[1] genannt. Die darin enthaltenen Grundsätze und Empfehlungen, die unter Federführung unseres Instituts entstanden, wurden wiederholt als eine Anleitung zum Handeln bezeichnet. Ich muß gestehen, daß es sehr große Schwierigkeiten gab, bis diese Grundsätze und Empfehlungen druckreif für die Praxis vorlagen. Ich möchte einige Erfahrungen darlegen, die von uns bei dieser Arbeit gesammelt wurden und von denen wir annehmen, daß ihre Kenntnis auch anderen bei der Lösung von Forschungsthemen zu Problemen der gesellschaftlichen Stellung der Frau von Nutzen sein kann.

1. Die Aufnahme der Forschungsarbeit zu einem Thema, das Probleme der Frauen betrifft, setzt völlige politisch-ideologische Klarheit bei allen beteiligten Wissenschaftlern und Praktikern über die Notwendigkeit der schwerpunktmäßigen Lösung dieser spezifischen Aufgabe im betreffenden allgemeinen Forschungsgebiet voraus. Diese Verallgemeinerung mag zunächst banal klingen; sie ist es aber nicht in der praktischen Forschungstätigkeit. Das größte Hemmnis bei der Lösung des uns übertragenen Forschungsauftrages - das die Aufnahme der Forschungstätigkeit überhaupt in Frage stellte - war die erforderliche Klärung der ideologischen Frage: Gibt es besondere Formen und Methoden der Aus- und Weiterbildung der Frauen, die es rechtfertigen, die Kräfte darauf zu konzentrieren, Grundsätze und Empfehlungen zur Frauenqualifizierung zu erarbeiten? Oder sollte man nicht besser alle Kräfte einspannen, um das Gesamtsystem der Erwachsenenqualifizierung (für Frauen und Männer) weiterzuentwickeln?

Dabei wurden zunächst ganz einleuchtende und, für sich betrachtet, richtige Argumente angeführt: Es gibt keine Didaktik für Männer und für Frauen; aus der biologischen Funktion der Frau darf keine Wertung der Formen und Methoden ihrer Qualifizierung abgeleitet werden; besondere Formen und Methoden der Frauenqualifizierung laufen auf eine Verringerung der Lernanforderungen an die Frauen hinaus - das aber schlägt ihrer Forderung nach Gleichberechtigung ins Gesicht. Bei diesen und anderen Argumenten ging es soweit, daß die Richtigkeit des Forschungsauftrages bezweifelt wurde. Es war uns eine große Hilfe, damals diese Meinungsverschiedenheiten den Mitgliedern der Frauenkommission des Politbüros des ZK der SED vortragen zu dürfen. Die Hinweise - speziell die der Genossinnen Lotte Ulbricht und Inge Lange - waren uns eine große Hilfe, die uns veranlaßte, unseren Auftrag mit ganzer Kraft zu erfüllen.

Nach der Aussprache mit der Frauenkommission begannen die Untersuchungen über die mögliche und tatsächliche historische Stellung der Frau im gesellschaftlichen und beruflichen Leben in unserer Republik. Deren Ergebnisse und die eigene Analyse des schnellstmöglich zu überwindenden historischen Rückstandes in der Qualifikationsstruktur unserer Frauen, der Vorurteile, die man der Frauenqualifizierung entgegenbringt usw. - das alles überzeugte uns bald noch einmal, wie richtig es war, zuerst das System der Frauenqualifizierung auf den modernsten Stand zu bringen und dann das Gesamtsystem der Erwachsenenqualifizierung langfristig zu entwickeln. Wir haben dabei sehr viele Erfahrungen sammeln können, die auch den Männern zum Nutzen gereichen werden.

2. Forschungsthemen zu Fragen der Frauen lassen sich nie als besondere Themen ressortmäßig von einer Einzelwissenschaft, sondern nur in ihrer Komplexität durch interdisziplinäre sozialistische Gemeinschaftsforschung lösen.

Als wir Klarheit über die Notwendigkeit hatten, unseren Forschungsauftrag konzentriert zu lösen, begann sozusagen eine "zweite Welle" ideologischer Unklarheiten über den Umfang des Forschungsthemas, die Breite seiner Anforderungen. Unsere Berufspädagogen glaubten zunächst, das Thema wäre gelöst, wenn man die modernsten Formen und Methoden der Unterrichtsgestaltung für Frauen verallgemeinere. Sie zogen aus, um die didaktischen Prinzipien und Methoden, das abschnitts- oder stufenweise System der Frauenqualifizierung weiterzuentwickeln.' Und sie fanden in der Praxis heraus, daß diesem äußerst wichtigen Erfordernis viele andere - außerhalb der Berufspädagogik liegende - Probleme vorgelagert waren. Ohne diese zu lösen, wäre es kaum von Nutzen gewesen, die Unterrichtsgestaltung für Frauen auf den neuesten Stand zu bringen. Aber diese Dinge standen unter der Oberhoheit der Planung und Leitung anderer Staatsorgane, der Staatlichen Plankommission, der Fachministerien, des Staatlichen Amtes für Arbeit und Löhne. Die Dinge standen zudem außerhalb unserer speziellen Wissenschaftsdisziplin: nämlich in den Arbeitswissenschaften, in der Soziologie, in der Planungs- und Leitungswissenschaft, der territorialen Ökonomie, der Technik usw.

Zum ersten Male wurden wir nach unserer Aussprache in der Frauenkommission des Politbüros als Institut gezwungen, sozialistische Gemeinschaftsarbeit interdisziplinär zu betreiben und Vertreter vieler anderer Wissenschaftsdisziplinen unter unserer Führung zu vereinen. Herausgekommen ist ein ganzes in sich geschlossenes System von Aufgaben und Maßnahmen zur Aus- und Weiterbildung von Frauen, wie es in der erwähnten Anordnung seinen Niederschlag gefunden hat. In der Praxis - und übrigens auch in Wissenschaftlerkreisen der UdSSR, der VR Polen, der CSSR und der VR Ungarn - wertet man gerade dieses geschlossene System als wertvolle praktische Anleitung und wissenschaftliche Verallgemeinerung. Von diesem System, das es in der Praxis durchzusetzen gilt, möchten unsere sozialistischen Nachbarstaaten Erkenntnisse ableiten. Für uns war dieser sich aus der Spezifik der Frauenforschung ergebende objektive Zwang zur interdisziplinären sozialistischen Gemeinschaftsarbeit Auftakt, auf anderen Gebieten der Berufspädagogik ähnlich vorzugehen. Wir sprechen heute sogar von einer neu entstehenden Forschungs- und Lehrdisziplin, den Berufswissenschaften, in der sich außer der Berufspädagogik Teilgebiete der Arbeitsökonomie, -physiologie, -psychologie, -medizin, der Planungs- und Leitungswissenschaften, der Soziologie u. a. vereinen.

3. Die Fragen der Forschung zu Problemen der Frau sind als integrierender (komplexer) Bestandteil aller Forschungsthemen mit gesellschaftlichem Bezug von den verschiedensten Forschungsdisziplinen "mitzulösen".

Ausgewählte Forschungsschwerpunkte der Forschung zu Problemen der Frau bedürfen jedoch ihrer zentralen Planung, Koordinierung und Kontrolle. Die Ergebnisse dieser Forschung müssen zudem von den Einzeldisziplinen - insbesondere aber auch von unserer Philosophie und Politökonomie - besser verallgemeinert werden. Auch darüber herrscht in der praktischen Forschungsorganisation keineswegs volle Klarheit, und es gibt, wenn die zentralen Forschungspläne aufgestellt werden, immer wieder Meinungsverschiedenheiten zwischen den Wissenschaftlern.

Bei der Aufstellung unseres Perspektivplanes der Forschung auf dem Gebiet der Berufsbildung bis zum Jahre 1970 - der für den gesamten Bereich der Berufsausbildung und Erwachsenenqualifizierung als verbindlich gilt - sind wir davon ausgegangen, die Fragen der beruflichen Förderung der Frauen immanent in alle Forschungsthemen der Berufsausbildung und Erwachsenenqualifizierung einzubeziehen. Bei der Forschungsaufgabe "Berufsanalyse und Berufsbild" wird z. B. der besondere Aspekt "Berufe, die für Frauen besonders geeignet sind" gebührend beachtet werden. Besonders vorbildlich arbeiten hier auch die auf dem Gebiet der Berufsaufklärung, -orientierung und -lenkung und der Planung der Berufsausbildung tätigen Wissenschaftler. Dafür spricht auch die Absicht der Forschungsgemeinschaft "Berufsorientierung", die unter Leitung von Dr. W. Kuhrt im Herbst 1967 eine dreitägige wissenschaftliche Konferenz in Magdeburg mit folgenden Schwerpunkten veranstalten will: Die Entwicklung der Berufs- und Qualifikationsstruktur und die Perspektive der Berufsbildung - objektive Voraussetzungen und Grundlagen jeder berufsberatenden Tätigkeit; theoretische und praktische Probleme der pädagogisch akzentuierten Berufsberatung in Schule, Elternhaus, Betrieb und durch die Ämter für Arbeit und Berufsberatung; der gegenwärtige Stand und die Entwicklungstendenzen der Berufsberatung und Berufsfindung in einigen sozialistischen Ländern. Gleichzeitig findet auf dieser Konferenz die öffentliche Verteidigung der Dissertation zum Thema "Gewinnung von Mädchen für technische Berufe" des wissenschaftlichen Aspiranten Gerold Schneider statt. Die Probleme der Berufsberatung und -findung von Mädchen werden in allen Referaten behandelt und in einer offiziellen Arbeitsgruppe auf der Konferenz diskutiert.

Genauso verfuhren wir bei einer zentralen Berufsberatungsschrift für 10- bis 14jährige, an deren Entwurf sich in sozialistischer Gemeinschaftsarbeit auch die Minister der wichtigsten Industrie- und Volkswirtschaftszweige beteiligten. Die Schrift geht nunmehr im Verlag Neues Leben unter dem Titel: "Was willst Du werden?" in Druck. Die Gewinnung von Mädchen für technische Berufe durchzieht das Buch von Anfang bis Ende.

Der Direktor des Zentralinstituts für Arbeit beim Staatlichen Amt für Arbeit und Löhne in Dresden, Genosse Walter, bat mich, hier zum Ausdruck zu bringen, daß auch im wissen schaftlichen Arbeitsstudium und in der sozialistischen Arbeitsgestaltung wie in den übrigen Bereichen der sozialistischen Arbeitswissenschaften nunmehr die spezifischen Fragen der Berufstätigkeit der Frauen verstärkt Eingang in die komplexe arbeitswissenschaftliche Forschung finden werden. Der Koordinierungsbereich des Ökonomischen Beirates der Staatlichen Plankommission "Arbeit und Löhne" wird dazu eindeutige Aufgaben festlegen.

Trotz dieser völlig richtigen Lösung von Forschungsthemen zu Problemen der Frau als immanenter Bestandteil bei der Lösung komplexer Themen in den einzelnen Fachdisziplinen, halten wir es für keinen Widerspruch, bestimmte ausgewählte Forschungsthemen zu dieser Problematik gesondert in den zentralen Forschungsplänen auszuweisen und besonders darauf die Kräfte zu konzentrieren. Wir haben z. B. auf Grund der besonders starken Auswirkungen der komplexen sozialistischen Rationalisierung auf die Qualifikationsstrukturierung der un- und angelernten Frauen folgendes Thema in unseren zentralen Forschungsplan aufgenommen: "Empfehlungen für die Umschulung von Frauen und ihre zielstrebige Ausbildung zum Facharbeiter in den Betrieben". Das Thema wird in den Bereichen verantwortlich gelöst, die im Referat unserer Arbeitstagung als Schwerpunkte bezeichnet wurden: in Betrieben der VVB Bauelemente und Vakuumtechnik, der VVB Hochspannungsgeräte und Kabel, der VVB Baumwolle, der VVB Konfektion. Uns obliegen dabei Anleitung und Koordinierung sowie Kontrolle, und wir verallgemeinern die gewonnenen Erkenntnisse für alle Bereiche und die gesamte Erwachsenenqualifizierung. Dem Wissenschaftlichen Beirat "Die Frau in der sozialistischen Gesellschaft" werden wir über die Forschungsergebnisse berichten.

Bei der Lösung der vielen anderen Themen über die gesellschaftliche und persönliche Bedeutung der Berufstätigkeit der Frauen treten viele neue Fragen auf, die meines Erachtens auch von der Politischen Ökonomie und marxistischen Philosophie einer umfassenden Verallgemeinerung bedürfen, und zwar nicht nur durch die Soziologie. Bereits der Verlauf unserer Diskussion zeigt, daß noch kein Politökonom das Bedürfnis verspürte, hier über Forschungsergebnisse und Erfahrungen sowie über Probleme in der Forschung zu berichten. Für mich ist die Diskussionsliste sowohl im Hinblick auf die Diskussionsredner als auch ihre Themen sehr interessant. Nun einige Bemerkungen zu Dr. Winde, Leiter der Abteilung Forschung und Technik bei der Staatlichen Plankommission. Ich möchte durch diese spezifische Polemik nicht das verwischen, was Inge Lange als besonders positiv an seinem Diskussionsbeitrag nannte. In dieser Beziehung pflichte ich Inge Lange bei. Am Diskussionsbeitrag von Dr. Winde störte mich insbesondere folgendes: Niemals kann und darf die notwendige Reduzierung der zentralen Planung auf wenige Kennziffern und die Vorgabe von nur wenigen Orientierungsziffern vonseiten der Staatlichen Plankommission gegenüber den Fachministerien und VVB bedeuten, daß die analytische Tätigkeit der Staatlichen Plankommission auf dem Gebiet der Berufstätigkeit von Frauen aus gesamtvolkswirtschaftlicher Sicht geringer wird bzw. sich auf die Delegierung dieser Aufgaben an die

Fachminister mittels eines Briefes beschänkt! Natürlich haben alle Bereiche der Volkswirtschaft, und das ist wiederholt unterstrichen worden, prognostisch zu arbeiten. Dazu bedarf es auch der Vorgabe von Erkenntnissen, die aus volkswirtschaftlicher Sicht gewonnen wurden. Selbstverständlich bedienen sich die einzelnen Leitungsebenen unterschiedlicher Methoden der prognostischen Tätigkeit, und ihre Prognosen beziehen sich auf unterschiedliche Gebiete, sie kommen zu unterschiedlich breiten und tiefen Einsichten. Auf unserem, hier erörterten Gebiet gilt es vor allem in den Betrieben und VVB, die Korrelationen und Gesetzmäßigkeiten zwischen der Entwicklung der Produktionselemente, Arbeitsmittel und -gegenstände, Technologie, Fertigungsorganisation, Arbeitsteilung und -kooperation und der Qualifikationsstruktur der Menschen, speziell der Frauen, mit Hilfe der Faktorenanalyse besser durchzusetzen. In dieser Hinsicht gilt es, die Planung der Bestandsentwicklung der Facharbeiter für den Zeitraum nach 1970 weiter zu entwickeln. Dabei wird auch die territoriale Koordinierung dieser prognostischen Planung der Betriebe und VVB durch die Räte der Bezirke und Kreise eine immer größere Bedeutung erhalten. Bedeutet das aber, daß die Staatliche Plankommission - ihre Leitungsbereiche Forschung und Technik, Arbeitskräfte, Bildung, Territorialökonomik - keine Aufgaben auf diesem Gebiet mehr haben werden, nur weil wir mit bedeutend weniger Vorgabeziffern auskommen müssen?

Meine Darlegungen, die über die Fragen der Berufsbildung hinausgehen, und "zufälligen Privatforschungen" (um einen Ausdruck aus dem Referat von Prof. Hartke zu gebrauchen) zeigen, daß schon mit Hilfe der "korrigierten Extrapolation", der erkannten Zusammenhänge zwischen der Berufstätigkeit der Frau, ihrem Familienstand, der Anzahl der Kinder, ihrem Bildungsstand, ihrer Einkommenshöhe u. a., wertvolle prognostische Angaben gewonnen werden können, ohne dabei die Betriebe und VVB mit erforderlichen Zuarbeiten belasten zu müssen.[2] Wir sind uns der prinzipiellen Schwächen von "korrigierten Extrapolationsmethoden" für die prognostische Tätigkeit zutiefst bewußt. Aus diesem Grunde suchen solche jungen Wissenschaftler wie Frau Dr. Grabley (Hochschule für Ökonomie, Berlin), Frau Dr. Voigt (TH Ilmenau), Herr Steinberger (Hochschule für Ökonomie) und Herr Naumann (Karl-Marx-Universität Leipzig) nach neuen und besseren makroanalytischen prognostischen Methoden, die die Betriebe und VVB möglichst wenig belasten. Sie schlagen z. B. die Schaffung eines Bilanzierungsmodells (Optimierungsmodells) vor, das den Zusammenhang nach erreichter Technisierungsstufe der Volkswirtschaft bzw. ihrer Zweige und Wirtschaftsterritorien und der Qualifikationsstruktur der Beschäftigten, speziell der Frauen, ausweist.

Derartige analytische Untersuchungen sollten vor allem auch in den Leitungsbereichen Arbeitskräfte, Bildung, Territorialökonomik der Staatlichen Plankommission durchgeführt und durch deren Abteilung Forschung und Technik vorrangig unterstützt werden. Denn wir benötigen alle in unserer spezifischen Forschungstätigkeit dringendst derartige prognostische Aussagen über die Entwicklung der Beschäftigtenstruktur der Frauen aus gesamtvolkswirtschaftlicher, produktionszweigmäßiger, territorialer und betrieblicher Sicht. Wir wissen, wie schwierig derartige Aussagen vor allem aus volkswirtschaftlicher Sicht sind, weil sie abgeleitet werden müssen aus der langfristigen Entwicklung von Wissenschaft und Technik, von Produktionszweigen und Wirtschaftsterritorien, von Arbeitsmitteln, Arbeitsgegenständen, Technologien, von Arbeitsteilung und -organisation, von der Marktentwicklung und vielen anderen Faktoren. Eine solche Aufgabe kann aber nur dort mit Erfolg gelöst werden, wo die prognostischen Angaben über diese vielseitigen Komponenten zusammenfließen.

Wie die Forschung zu Problemen der Frau als immanenter Bestandteil der Forschung in den Einzeldisziplinen komplex betrieben, aber auch zentral verallgemeinert und angeleitet werden muß - so gilt es, auch in der Planung und Leitung die Komplexität in allen Leitungsebenen bei höchstmöglicher zentraler Verallgemeinerung und Steuerung durchzusetzen, z. B. der Berufstätigkeit von Frauen.

ANMERKUNGEN

1 In: Gesetzblatt der Deutschen Demokratischen Republik, Sonderdruck, Nr. 545 v. 20. 8. 1966.

2 An dieser Stelle erläuterte der Diskussionsredner drei Graphiken über:
a) Entwicklung des altersspezifischen Beschäftigungsgrades der Frauen,
b) Entwicklung des Zusammenhangs zwischen Fruchtbarkeitsziffer der Frauen, dem Eintritt der Kinder in die Unterstufe der allgemeinbildenden polytechnischen Oberschule und dem zeitweisen Ausscheiden der Frauen aus dem Arbeitsprozeß,
c) Entwicklung der Tätigkeit der Frauen in Frankreich, nach ihrem Alter und ihrem Bildungsstand.

HORST TAUBERT (Berlin)

Die Soziologie zur Stellung der Frau

Thesen und Referat dieser Arbeitstagung gehen davon aus, daß die weitere Verwirklichung der Gleichberechtigung der Frau, die Entfaltung ihrer sozialistischen Persönlichkeit ein integrierender Bestandteil der Entwicklung des sozialistischen Gesellschaftssystems ist. Sie ist es sowohl in dem Sinne, daß sie durch die allgemeine sozialistische Entwicklung determiniert ist, als auch in dem Sinne, daß sie selbst ein entscheidendes Element und Kriterium der vollen Ausbildung des sozialistischen Gesellschaftssystems bildet. Diese theoretische Reflexion des praktischen Prozesses ist meines Erachtens die Grund- und Ausgangsthese für jegliche wissenschaftliche Forschungstätigkeit zu diesem Problem.

Das Ziel der soziologischen Forschung, um es zunächst ganz allgemein zu sagen, besteht darin, durch komplexe Analysen, komplexe soziale Erscheinungen und Prozesse, Triebkräfte und Gesetzmäßigkeiten des sozialen Handelns und der Haltung der Menschen verschiedener relevanter Gruppen und Schichten aufzudecken. Dabei spielt die Erforschung der vielfältigen gesellschaftlichen Beziehungen, in denen die Menschen handeln und in denen sie ihr Verhältnis zur Gesellschaft realisieren, eine große Rolle. Ich meine damit z. B. die Frau in der Produktion, in bestimmten Berufen oder bestimmte Gruppen von Frauen in verschiedenen Bereichen unserer Volkswirtschaft, die Frau als Leiter eines sozialistischen Kollektivs, auch die Frau in der sozialistischen Öffentlichkeit, die Frau im Familienleben, in der Erziehung der Kinder usw. All das sind gesellschaftliche Beziehungen mit bestimmten Strukturen, in denen die Frauen bestimmte Funktionen und Positionen in unserer Gesellschaft einnehmen. Diese Positionen haben eine große Bedeutung im Handeln der Menschen, für die Herausbildung ihrer konkreten Interessen. Die Analyse dieser gesellschaftlichen Beziehungen, ihrer konkreten Bedingungen zeigt uns die konkreten Antriebe und Motive ihres Handelns. Beispielsweise entwickelt sich durch die Zugehörigkeit von Frauen zu sozialistischen Brigaden ein ganz bestimmtes Verhalten zur Arbeit, es ergeben sich auch bestimmte Veränderungen in der Einstellung zur Arbeit. Wir haben u. a. festgestellt: Wenn bestimmte Gruppen von Frauen ursprünglich die Arbeit nur aufgenommen haben, um eine gewisse Zeit Geld zu verdienen, so änderte sich im Verlaufe der Integration in sozialistischen Kollektiven und bei richtigem Verhalten der Leiter das Motiv für die Arbeit, für die Einstellung zur Arbeit, für die Einstellung zur Qualifizierung, für ihre Persönlichkeitsentwicklung. Die Ursachen für die Veränderungen im Verhalten der Menschen zu ergründen, ist eine wesentliche Seite soziologischer Forschung.

Es obliegt der marxistischen Soziologie, heute zu erforschen, wie die Menschen entsprechend ihren konkreten Bedingungen in verschiedenen Situationen und Prozessen sich entwickeln, wie sie sich als bewußter Gestalter ihrer gesellschaftlichen Beziehungen bewußt werden und handeln. Schon hier wird, so meine ich, sichtbar, wie bedeutungsvoll die Probleme der Stellung der Frau verschiedener Gruppen und Schichten unserer Gesellschaft sind. Es ist eine unserer wichtigsten Aufgaben, gegenwärtig das Verhältnis von allgemeinen gesellschaftlichen Möglichkeiten, wie sie sich entsprechend den objektiven Bedürfnissen in unseren Prognosen und Perspektivplänen widerspiegeln, und den jeweiligen konkreten Bedingungen im Betrieb, in der Öffentlichkeit, in der Familie usw. aufzudecken und verwirklichen zu helfen. Wo liegen die konkreten Möglichkeiten, die neuen gesellschaftlichen Beziehungen zu formen, das aktive Handeln der Frauen, das sich aus den konkreten Situationen bildet, zu leiten? Die konkreten Erscheinungen und Verhaltensweisen der Menschen sind unter diesem Aspekt zu analysieren.

Wir haben Forschungen zur Qualifizierung bei bestimmten Gruppen der Werktätigen durchgeführt, natürlich auch bei Frauen. Dabei entdeckten wir, wie sich bei einem Teil der Frauen bestimmte Verhaltens- und Einstellungsweisen herausbilden, die die neuen gesellschaftlichen Beziehungen unserer Gesellschaft widerspiegeln. Als ein wesentliches Motiv zeigte sich, daß viele Frauen sich qualifizieren, weil sie nicht hinter ihrem Ehegatten oder gar hinter ihren Kindern zurückbleiben wollen. Aus dem Bestreben, einen bestimmten negativen Zustand zu überwinden, entwickelt sich ein neues Handeln der Frauen. Damit stellen diese Frauen auch ein neues Verhältnis zwischen Arbeit, Familie und sozialistischer Öffentlichkeit her. Sie beginnen ihr Verhältnis zur Arbeit als einen wesentlichen Stimulus für ihre sozialistische Persönlichkeitsbildung zu sehen. Natürlich sind da, wenn man die Frage stellt, warum und welche Gruppen von Frauen diesen Entwicklungsweg nehmen, zahlreiche Faktoren (Einkommensverhältnisse, Familienverhältnisse in erster Linie, aber auch Einflüsse der Schule, der polytechnischen Bildung) zu berücksichtigen. Eine Aufgabe der soziologischen Forschung ist es, diesen Mechanismus aufzudecken.

Das ist auch ein sehr wichtiges Problem bei unserer gegenwärtigen Forschung zur sozialistischen Gemeinschaftsarbeit. Auch hier erkennen wir gerade bei Frauen Einstellungen und Verhaltensweisen, in denen sich bereits ein ausgeprägtes Kollektivgefühl und Kollektivbewußtsein äußert. Deshalb üben sie auch Kritik am Verhalten der Leiter oder an den Beziehungen in sozialistischen Kollektiven. Sie beschweren sich, daß ihnen nicht genügend geholfen wird, z. B. die Arbeitserfahrungen anderer zu übernehmen. Es gibt also bestimmte Widersprüche zwischen den Erwartungen der Frauen und bestimmten Zuständen, die man theoretisch erfassen muß, um sie praktisch richtig verändern zu können.

Hier auf der Arbeitstagung ist gesagt worden, daß es festgefahrene negative Einstellungen zur Frau als Leiter gibt. Ich meine allerdings, daß es sich hierbei nicht nur um ideologische Probleme handelt. Natürlich gibt es hier sehr viel alte Vorstellungen, die auch durch objektive Bedingungen usw. entstanden sind. Es ist meines Erachtens gerade eine Aufgabe der Soziologen zu ergründen, welche Faktoren hier zusammenwirken und worauf die ideologische Arbeit gerichtet werden müßte. Ich meine aber, daß es nicht möglich ist, diese Probleme allein ideologisch zu lösen. Eine wirksame ideologische Arbeit muß mit praktischen Schritten einhergehen.

Welche Probleme und Prozesse kann und muß die Soziologie heute für die weitere Entwicklung der gesellschaftlichen Position der Frau erforschen? Einmal kommt es natürlich darauf an, auch hier Grundprozesse zu untersuchen. Es ist unbedingt notwendig, schon bei der konzeptionellen Anlage der Forschung die Spezifik der Probleme der Frauen zu beachten und dies in den Forschungszielen zu verankern. Desweiteren sollten zu den Fragen der Gleichberechtigung der Frau Einzelprozesse in kleinen Bereichen, also Betriebsklima in Frauenbetrieben, Fluktuationserscheinungen, Qualifizierungsverhalten usw., untersucht und wissenschaftliche Ergebnisse vorgelegt werden. Schließlich ist es eine besondere Aufgabe der Soziologie, gemeinsam mit anderen Wissenschaften Ergebnisse für die unmittelbare Leitungs- und Planungstätigkeit auf diesem gesellschaftlichen Gebiet zu erarbeiten. Diese können durch die Arbeitskreise und Forschungsgruppen des Wissenschaftlichen Beirats "Die Frau in der sozialistischen Gesellschaft" zusammengefaßt und den entsprechenden Organen übergeben werden. Was die Soziologen betrifft, so werden wir die speziellen Probleme der Stellung und Rolle der Frau bei der Entwicklung des sozialistischen Gesellschaftssystems mehr als bisher zu einem wichtigen Aspekt unserer Forschungen machen.

MANFRED MIELKE (Bernau)

Weibliche Intelligenz im Industriebetrieb

Vielfach wurden die Probleme der Stellung weiblicher Hoch- und Fachschulkader in unserer Gesellschaft und in unseren Betrieben schon erörtert, insbesondere wie sie in die Leitungstätigkeit einbezogen werden können. Bei dieser Intelligenzgruppe geht es, so meine ich, in erster Linie darum, ihr Verhältnis zur Berufstätigkeit und zum wissenschaftlich-technischen Fortschritt zu klären. In einer soziologischen Untersuchung der wissenschaftlich-technischen Intelligenz eines Berliner Großbetriebes zeigten sich hinsichtlich des Arbeitsverhaltens der weiblichen Intelligenz nicht nur für den Betrieb repräsentative Merkmale, sondern darüber hinaus im Vergleich zu anderen Werktätigengruppen allgemeine Aspekte, wie dies verschiedene soziologische Untersuchungen in der Republik belegen. Für die Bewertung ihres Arbeitsverhältnisses und ihrer Arbeitszufriedenheit spielen folgende Faktoren eine Rolle, geordnet nach ihrer Bedeutung: 1. unmittelbare Tätigkeit; 2. fachliche Anleitung durch die Vorgesetzten; 3. kollegiale Beziehungen im Kollektiv; 4. fachliche und wissenschaftliche Entwicklungsmöglichkeiten; 5. Arbeitsorganisation im Betrieb; 6. materiell-technische Bedingungen und Voraussetzungen ihrer Arbeit; 7. Gehalt; 8. Verhalten des Vorgesetzten ihnen gegenüber.

Zunächst ist aus dieser Werteskala sichtbar, daß für das Verhältnis der weiblichen wissenschaftlich-technischen Kader in erster Linie die Faktoren ausschlaggebend sind, die unmittelbar mit dem Charakter der auszuübenden Tätigkeit sowie der eigenen persönlichen und fachlichen Perspektive in engem Zusammenhang stehen. Die persönliche Befriedigung in der Arbeit durch den schöpferischen Charakter der Tätigkeit nimmt im Maße der Erzielung höherer Kenntnisse und Fähigkeiten sowie durch den damit verbundenen Prozeß der bewußten Selbsterkenntnis, Gestalter der gesellschaftlichen Wirklichkeit und Entwicklung zu sein, bei den Werktätigen zu.

Inwieweit unterscheidet sich die Haltung der weiblichen Intelligenz zur Arbeit der anderen Gruppen in der Produktion? Charakteristisch für die arbeitsfunktionelle Stellung an- bzw. ungelernter Frauen, die überwiegend an teilmechanisierten bzw. teilautomatisierten Fließstraßen tätig sind, ist im wesentlichen noch ein äußerliches Verhältnis zur Technik und Technologie der Produktion. Der gegenwärtige Charakter dieser Tätigkeit der Frauen bedingt ein persönlich schwach entwickeltes Verhältnis zu ihrer konkreten Tätigkeit. Die persönliche Beziehung zur Arbeit und zu dem persönlichen Arbeitsplatz entsteht weniger dadurch, daß Probleme unmittelbar am Arbeitsplatz bewältigt werden, sondern in hohem Maße über die direkten sozialen Kontakte mit den Kollegen und darüber hinaus mit dem Vorgesetzten. Beim Bewerten des Arbeitsverhältnisses stehen das soziale Klima und das Verhalten des Vorgesetzten ihnen gegenüber im Vordergrund, die unmittelbaren Arbeits- und Lebensbedingungen am Arbeitsplatz, die sanitäre und kulturelle Betreuung usw. Das heißt, daß aus der sozialen Gesamtsituation und den konkreten Arbeitsbedingungen der Werktätigen bestimmte Bedürfnisse und Interessen entstehen. Mit steigender Qualifikation verändern sich die Bedingungen ihrer Tätigkeit, es erwachsen neue Motive, Bedürfnisse und Interessen.

Die weibliche Intelligenz unterscheidet, die Leitungstätigkeit beurteilend, nach fachlicher Anleitung und persönlichem Verhalten der Vorgesetzten. Diese Differenzierung gibt es in der Wertung der Leitungstätigkeit durch die Frauen der unmittelbaren Produktion kaum. Bei ihnen überwiegt sogar, wenn sie die Arbeitszufriedenheit werten, die soziale, persönliche Beziehung und Verhaltensweise des Leiters, während für die weibliche Intelligenz die inhaltlichen Faktoren der Leitungstätigkeit eine größere Rolle spielen. Die sozial-psychologischen Faktoren des Verhältnisses zur Leitungstätigkeit sind hierbei keineswegs in ihrer

Wirkung gemindert; sie stellen sich nicht als direkt persönliche Beziehung dar, sondern wirken sachlich, wie sie sich in der Forderung nach fundierter fachlicher Anleitung durch die Vorgesetzten ausdrücken. Das wird durch den 3. Rangplatz des Kriteriums "Kollegiale Beziehungen im Kollektiv" unterstrichen, denn diese werden ebenfalls durch die fachliche Autorität des Vorgesetzten stimuliert. In dieser Haltung drücken sich meines Erachtens hohe Anforderungen an die Leiterpersönlichkeit aus, die als Einheit von persönlich-charakterlicher und fachlicher Autorität gewertet werden kann. Diese Haltung unterscheidet die Frauen insofern von ihren männlichen Berufskollegen, als sie den kollegialen Beziehungen im Kollektiv in der Tendenz weniger Beachtung schenken.

Es geht also nicht um eine Versachlichung der sozialen Beziehungen zwischen Vorgesetzten und Frauen, die eine Entwicklung sozialistischer sozialer Beziehungen in den Kollektiven der wissenschaftlich-technischen Intelligenz unmöglich machen. Im Gegenteil. Die eigentliche Grundfunktion sozialistischer Leitungstätigkeit, die soziale Kooperation der Werktätigen für die Erzielung optimaler ökonomischer Ergebnisse und ihre Erziehung in diesem Prozeß zu sozialistischen Persönlichkeiten, bekommt bei der Gruppe der wissenschaftlich-technischen Intelligenz, namentlich bei den Frauen, besonderes Gewicht und stellt an die Leiter ihrer Kollektive hohe Anforderungen in der Beherrschung der Wissenschaft von der sozialistischen Menschenführung.

Im Arbeitsverhalten der weiblichen Intelligenz spielt der Charakter der Tätigkeit eine entscheidende Rolle. Während der Grundfaktor der Arbeitszufriedenheit von den männlichen Angehörigen der Intelligenz mehr positiv gewertet wird, werten ihn die Frauen mit einem negativen Akzent.

Es gibt zahlreiche Beispiele dafür, daß weibliche und männliche Hochschulabsolventen mit gleicher Qualifikation und gleichen Fähigkeiten mit verschiedenem Maß gemessen werden. Es ist interessant zu prüfen, wer nach einer bestimmten Zeit welche funktionale Position im Betrieb und welche I-Gruppe hat. Es wird feststellbar sein, daß eine Frau viel längere Zeit benötigt, um sich im Betrieb durchsetzen zu können und anerkannt zu werden. Dazu hat Rolf Michaelis schon einige grundlegende Bemerkungen gemacht.

Eine der Hauptursachen, daß die weibliche Intelligenz unzufrieden ist mit ihrer Tätigkeit, liegt in der Unterforderung ihrer Qualifikation, hauptsächlich verursacht durch technische und Verwaltungshilfsarbeiten, die von weniger qualifizierten Kräften ausgeführt werden könnten. Aus einer solchen Praxis und der damit verbundenen ungenügenden Anerkennung der Persönlichkeit der Frau kann eine relativ labile Betriebszugehörigkeit folgen. Die Frauen neigen eher als ihre männlichen Kollegen dazu, an einem wissenschaftlichen Institut zu arbeiten, weil sie dort ein Arbeitsgebiet erhalten, das ihren Fähigkeiten und Bedürfnissen nach schöpferischer Tätigkeit entspricht.

Hinsichtlich der Einbeziehung der wissenschaftlich qualifizierten Frauen in die Leitungstätigkeit kulminieren verschiedene ideologische Haltungen der Männer sowie der Frauen im Sinne der spezifischen sozialen Funktion der Frau und der Arbeitsbedingungen bei bestimmten Leitungs- und Führungsfunktionen. Allerdings ist unter Einbeziehung der Werktätigen in die Leitungstätigkeit nicht schlechthin die Übernahme einer Leitungsfunktion zu verstehen; es müssen zwei Aspekte beachtet werden: 1. Einbeziehung in den Leitungsprozeß als Ausdruck und Gewährleistung des Mitspracherechtes bei der Entscheidungsfindung und Vorbereitung; 2. Einbeziehung der weiblichen Intelligenz in die Leitungstätigkeit, durch die sie unmittelbar eine entsprechende Funktion übertragen bekommt. Diese beiden Aspekte hängen in ihrer Folge unmittelbar zusammen, unterliegen jedoch in ihrem Lösungsprozeß zunächst spezifischen Gegebenheiten.

Ich möchte als eine wesentliche Komponente der Einbeziehung der Werktätigen in die Planung und Leitung die exakte Information anführen, da sie das Entscheidungs- und Verantwortungsbewußtsein der Werktätigen entwickelt. Wir verstehen darunter die Entwicklungs- und Perspektivprobleme des Betriebes und die Probleme der Leitungstätigkeit innerhalb des Betriebes; zu letzteren fragten wir nach Mängeln in der Leitungstätigkeit.

Von den Befragten äußerten sich 33,1 % zum Problem der Bürokratie in der Leitungstätigkeit nicht, oft unter dem Hinweis, keine mangelhaften Erscheinungen zu kennen. Das trifft in besonderem Maße für die Frauen zu, die mit 61,2 % signifikant häufiger als alle anderen soziologisch unterscheidbaren Gruppen diese Frage offen ließen (ich weiß nicht) oder nicht beantworteten. Das gleiche trifft für die Einschätzung möglicher Informationsmängel zu, die von den Frauen teils sehr unsicher als existent beurteilt werden. Die Haltungen der Frauen zu den Mängeln in der Leitungstätigkeit sind gegenwärtig unkritischer als die ihrer männlichen Kollegen. In erster Linie werden diese Haltungen vom Charakter der Tätigkeit bestimmt. Die Männer bekleiden signifikant häufiger als die Frauen die Funktion des Leiters 1. in Produktionseinheiten und Hilfseinheiten, 2. in Forschung und Entwicklung, 3. in Lenkungs- und Funktionalorganen, 4. in der technischen Produktionsüberwachung oder sie sind 5. als wissenschaftlich-technische Mitarbeiter der Forschung und Entwicklung tätig. Die Frauen hingegen sind überwiegend als wissenschaftlich-technische Mitarbeiter tätig, und zwar 1. in der Produktionsvorbereitung und -überwachung, 2. in Lenkungsorganen oder 3. als ökonomische Mitarbeiter von Lenkungs- und Führungsorganen.

Infolgedessen haben die Männer für die Sicht gesamtbetrieblicher Leitungsprobleme eine bessere Position; sie haben günstigere Bedingungen, die Probleme treffsicher und sachkundig beurteilen zu können, während es den Frauen größere Mühe bereiten dürfte, sich über gesamtbetriebliche Leitungsprobleme exakt zu informieren, so daß sie nicht in der gleichen Häufigkeit wie die Männer Leitungsprobleme erkennen.

Gegenwärtig sind die befragten Frauen nur in geringem Maße über betriebliche Leitungsprobleme informiert und in die Leitungstätigkeit des Betriebes einbezogen. Diesen Zustand zu beseitigen würde nicht allein die Informiertheit der Frauen erhöhen und für die Erfüllung bestimmter Erfordernisse des Frauenkommuniques des Politbüros der SED bedeutsam sein, sondern vor allem den Integrierungsprozeß der Frauen in das Betriebs- und Leitungskollektiv fördern und damit der Gleichberechtigung der Frau im beruflichen Leben dienen. Entsprechend dem Untersuchungsergebnis beurteilen allerdings die Frauen die Chance, in den nächsten Jahren eine höhere betriebliche Position bzw. Leitungsfunktion und damit eine höhere Verantwortung zu haben, negativer als die Männer. Die statistische Wahrscheinlichkeit dieses Zusammenhangs liegt zwischen 95 und 97 %. Eine der Ursachen liegt, so meine ich, in der ideologischen Haltung der Männer, in einem bestimmten engen ökonomischen Denken bezüglich des "Risikos", das der Betrieb mit einer Frau in verantwortungsvoller Leitungsfunktion übernimmt, da sie durch häusliche und Erziehungs- und Betreuungspflichten der Kinder gegenwärtig meist viel mehr beansprucht wird als ein männlicher Leiter. Es geht hier einerseits um die Entwicklung der Persönlichkeit der Frau und andererseits um die Aufrechterhaltung der Kontinuität von Leitungs- und Führungsprozessen.

Fälschlicherweise werden gegenwärtig meist die Arbeiten des Mannes sowie die vielfach noch nicht optimale Gestaltung von Leitungsfunktionen und die damit im Zusammenhang stehenden Arbeitsbedingungen zum allgemein gültigen Maßstab gemacht, nach dem die Arbeit der Frauen bewertet wird. Infolgedessen werden oft reale Reminiszenzen der Frauen als ideologische Unklarheiten aufgefaßt. Eine Hauptaufgabe bei der komplexen sozialistischen Rationalisierung wird deshalb auch darin bestehen, die Leitungsprozesse rationeller zu gestalten; das heißt, den Zusammenhang aller Organe, die in den ökonomischen und sozialen Prozeß leitend eingreifen, auch deshalb durchzusetzen, damit mehr Frauen als bisher höhere gesellschaftliche Funktionen übernehmen können.

Gegenwärtig verzichten weibliche Intelligenzkader vielfach auch auf eine solche Funktion, weil sie mögliche Konflikte in der Sphäre des persönlichen bzw. familiären Lebens befürchten. Jeder Mensch gestaltet sein Verhalten zu den unterschiedlichsten gesellschaftlichen Problemen nach einer gewissen Skala von Wertvorstellungen, die sich für ihn bewußt oder unbewußt herausgebildet haben. Die junge Angehörige der Intelligenz, die seit drei Jahren im Betrieb arbeitet und Kinder hat, steht z. B. vor einer Reihe von Problemen, und in ihrem persönlichen Lebensbild spielen die Kinder, die familiäre und eheliche Harmonie eine ganz wesentliche Rolle. In diesem Zusammenhang sei nochmals darauf hingewiesen, daß in dem Haltungsbild der weiblichen Intelligenz das Kriterium "fachliche und wissenschaftliche Entwicklungsmöglichkeiten" an vierter Stelle rangiert und damit für sie tendenziell weniger Bedeutung hat als für den Mann.

Zusammenfassend möchte ich einige Schlüsse ziehen, die für die politische Arbeit mit der weiblichen Intelligenz meines Erachtens wesentlich sind:

1. Das vorrangige Interesse der weiblichen wissenschaftlich-technischen Kader, persönliche Befriedigung in der Arbeit durch die unmittelbare Tätigkeit selbst zu finden, muß zu einem Hauptkriterium bei der Gewinnung dieser Kader für die Probleme der sozialistischen Rationalisierung gemacht werden. Es muß gesichert werden, daß auf der Grundlage der wissenschaftlichen Perspektivplanung Übereinstimmung zwischen der vorhandenen Qualifikation der weiblichen Intelligenz und den zu lösenden wissenschaftlichen Aufgaben der Betriebe erreicht wird.

2. Daraus ergibt sich die Notwendigkeit, die Frauen stärker in die Lösung von Schwerpunktaufgaben der sozialistischen Rationalisierung einzubeziehen, um sie mit den praktischen Problemen der technischen Revolution vertraut zu machen.

3. Vor allem scheint es notwendig zu sein, gegen jeden ideologischen Konservatismus energisch vorzugehen, der sich beim Werten der Fähigkeiten und Möglichkeiten der weiblichen Intelligenz, verantwortungsvolle Positionen im Betrieb zu übernehmen, ausdrückt. Diese Schlüsse verwirklichend, würden solche Arbeits- und Lebensbedingungen geschaffen, die der Spezifik der vorwiegend geistig-schöpferischen Tätigkeit der wissenschaftlich-technischen Intelligenz insgesamt entsprechen und den weiblichen Kadern reale Möglichkeiten bieten, Leitungs- und Führungsfunktionen zu übernehmen.

GERTRAUDE SCHNELLE (Leipzig)

Technische Revolution und Gleichberechtigung

Die Abteilung Soziologie der Karl-Marx-Universität Leipzig hat mir bei ihrer Erforschung des generellen Prozesses unserer technischen Revolution, die gegenwärtig vor allem durch die komplexe sozialistische Rationalisierung verwirklicht wird und zu wesentlichen Veränderungen im Charakter der Arbeit führt, die Aufgabe übertragen, alle damit im Zusammenhang stehenden Detailfragen zur Entwicklung weiblicher Hoch- und Fachschulkader zu untersuchen. Bekanntlich ist nach wie vor die überwiegende Mehrzahl, d. h. über 90 % der Frauen und Mädchen mit Hoch- und Fachschulbildung in den Verwaltungen, in den Einrichtungen des Gesundheitswesens, der Volksbildung und der Kultur beschäftigt, also in den Bereichen außerhalb der materiellen Produktion. Unter 5 % sind es dagegen in der sozialistischen Industrie, so daß weniger als 10 % der in den volkseigenen Betrieben beschäftigten Ingenieure und Techniker Frauen sind.[1]

Unter dem Einfluß der technischen Revolution wird sich in der unmittelbaren Produktion die Zahl der Beschäftigten vermindern, während sie in der geistig-wissenschaftlichen Vorbereitung der Produktionsprozesse tendenziell und absolut zum heutigen Stand zunimmt. Da in dieser Sphäre der physiologische Unterschied zwischen Mann und Frau für die Arbeit bedeutungslos ist, wird berechtigterweise auch gefordert, daß hier der Anteil der beschäftigten Frauen dem der Männer am ehesten proportional sein kann und muß. Eine solche Forderung bedeutet jedoch, gemessen an den genannten Fakten, in diesem Bereich unserer sozialistischen Wirtschaft eine enorme Aufgabe. Nun ergibt sich aber objektiv aufgrund des starken Entwicklungstempos der Wissenschaft und der wachsenden Anforderungen an die wissenschaftliche Arbeit gerade die entgegengesetzte Tendenz. Damit vergrößert sich die Gefahr des Rückganges des Frauenanteils, dem nur mit besonderen Maßnahmen, die in die Planung und Leitung der Kaderentwicklung bezüglich der Frauen aufgenommen werden müssen, begegnet werden kann. Mit anderen Worten: Die Lösung der Aufgabe, den Anteil der Frauen am ingenieurtechnischen Personal auch in der technischen Revolution genügend zu erhöhen, wird äußerst kompliziert verlaufen.

Um die Leitung dieses Prozesses planmäßig gestalten zu können, müssen vor allem die ihn beeinflussenden Faktoren komplex analysiert werden. Dazu bietet der Forschungsschwerpunkt der Abteilung Soziologie der Karl-Marx-Universität Leipzig, der die Veränderungen in den Beziehungen zwischen geistiger und körperlicher Arbeit analysiert, gute Möglichkeiten. So zeigen bereits die Ergebnisse aus einer Befragung in fünf volkseigenen Betrieben des Bezirks Leipzig, die wir im November 1966 durchgeführt haben, folgende, meines Erachtens bemerkenswerte Erscheinungen:

1. Weibliche Hoch- und Fachschulkader haben ein ausgeprägtes Perspektivbewußtsein, eine klare, feste und positive Meinung in bezug auf das Leistungsvermögen von Frauen und außerdem nicht nur eine positive Meinung hinsichtlich des Einflusses der technischen Revolution auf ihre Stellung im Beruf, sondern auch eine konsequente Bereitschaft zur weiteren Qualifizierung.

Konkret sieht das im einzelnen so aus, daß 85 % des befragten weiblichen ingenieurtechnischen Personals gute Kenntnisse über die Entwicklung der technischen Revolution in ihrem Betrieb haben, d. h. die Schwerpunkte des Perspektivplanes und der Konzeption für die sozialistische Rationalisierung im Betrieb kennen. 42,5 % davon haben direkt am Ausarbeiten der Pläne teilgenommen. Die weiblichen Hoch- und Fachschulkader beurteilen die künftige Entwicklung ihrer Arbeit äußerst positiv; 87,5 % von ihnen meinen, daß sie sehr bzw. zum großen Teil ihren Wünschen entspricht; 85 % betrachten sie, und zwar insgesamt als eine Verbesserung; und bei 85 % entspricht sie sehr bzw. zum großen Teil den Vorstellungen von der Arbeit des sozialistischen Menschen. Wesentlich gestützt auf die Praxis, als dem Kriterium der Wahrheit, sind 94,8 % der Ansicht, daß Frauen zu geistig-schöpferisch gleichen Leistungen wie Männer befähigt sind.

Die positive Meinung hinsichtlich des Einflusses der technischen Revolution auf ihre Stellung im Beruf äußert sich hauptsächlich darin, daß 80,6 % der befragten weiblichen Hoch- und Fachschulkader erklären, daß durch die technische Revolution sowohl ihre Verbundenheit mit der Arbeit, als auch ihre Bereitschaft zur Qualifizierung und das Bedürfnis nicht nur zeitweilig berufstätig zu sein, gefestigt werden. An erster Stelle steht dabei die Festigung der Verbundenheit mit der Arbeit (einschließlich Mehrfachkodung 54,6 %); und obwohl die stärkere Bereitschaft zur Qualifizierung, selbst einschließlich Mehrfachkodung, gewissermaßen nur von 33,8 % der Befragten unterstrichen wird, zeigt die Praxis deutlich, mit welcher Konsequenz diese Frauen bereits gegenwärtig entsprechende Verhaltensweisen zeigen; denn 36,8 % von ihnen nehmen an Qualifizierungsmaßnahmen teil. Zu 64,2 % handelt es sich dabei um technische, zu 21,4 % um politische und zu 14,2 % um allgemeinbildende Qualifizierung. Darauf verwandten 21,4 % der Frauen wöchentlich mehr als 6 Stunden Zeit; 21,4 % 4 bis 6 Stunden, 35,7 % 2 bis zu 4 Stunden und 21,4 % 2 Stunden.

Eine Ursache für diese erste, in jeder Hinsicht günstige Erscheinung ist sicher unter anderem auch der Grad der politischen Organisiertheit der Frauen. Von den befragten weiblichen Hoch- und Fachschulkadern sind 27,5 % Mitglieder der SED, während es beim männlichen ingenieurtechnischen Personal 53 % sind.

2. Die Möglichkeiten, die gerade die technische Revolution zur Entwicklung weiblicher Hoch- und Fachschulkader bietet, werden ungenügend genutzt; das heißt, daß sich Faktoren der Arbeit mit besonders entwicklungsförderndem Charakter durch das Nichteinbeziehen von Frauen für diese gegenteilig auswirken. Das gilt hauptsächlich für die Gemeinschaftsarbeit, für technisch-wissenschaftliche Grundsatzarbeiten und für Leitungsfunktionen.

Um diese Behauptung zu belegen, ist es erforderlich, einige Ergebnisse der Befragung des männlichen ingenieurtechnischen Personals einzubeziehen bzw. diese Ergebnisse denen des weiblichen ingenieurtechnischen Personals gegenüberzustellen. Vorausgeschickt sei, daß die damalige Untersuchung für eine vergleichende Analyse günstige Voraussetzungen bot, indem unter dem insgesamt befragten ingenieurtechnischen Personal Männer und Frauen zahlenmäßig fast gleich vertreten waren, nämlich im prozentualen Verhältnis 53 zu 47. Wenn nun z. B. 33,3 % des männlichen ingenieurtechnischen Personals Mitglieder von Forschungsgemeinschaften sind, vom weiblichen dagegen nur 17,5 % und wenn die Arbeit vom männlichen ingenieurtechnischen Personal nur zu 4,4 % vorwiegend geistige Bedienungstätigkeit, sprich Routinearbeit, ist, beim weiblichen dagegen zu 45 %, dafür aber beim männlichen ingenieurtechnischen Personal gegenwärtig bereits die Arbeit zu 57,7 % sehr viel bzw. viel Elemente des Schöpferischen enthält, beim weiblichen aber nur zu 32,5 %, und wenn schließlich die Arbeit des männlichen ingenieurtechnischen Personals außerdem zu 60,6 % vorwiegend Leitungstätigkeit ist, beim weiblichen dagegen nur zu 20 %, dann ist es zwangsläufig auch nicht möglich, daß die Frauen in der gleichen Weise wie die Männer den wissenschaftlich-technischen Fortschritt mitbestimmen können. Ich hob unter Punkt 1 die guten Kenntnisse der weiblichen Hoch- und Fachschulkader über die Entwicklung der technischen Revolution in ihrem Betrieb (85 %) hervor und auch, daß 42,5 % von ihnen direkt an der Ausarbeitung des Perspektivplanes und der Konzeption für die Rationalisierung teilgenommen haben. Aber selbst Vorschläge zu den Plänen haben nur 15 % dieser Frauen machen können, dagegen 68,8 % des männlichen ingenieurtechnischen Personals. Und ebenso beschäftigten sich zur Zeit der Befragung 30 % des weiblichen ingenieurtechnischen Personals mit Vorschlägen zur sozialistischen Rationalisierung des Betriebes, vom männlichen dagegen 75,5 %!

Gleiches gilt in bezug auf die Frage, in welchem Maße die gegenwärtige Arbeit zu Neuerervorschlägen anregt. Während 40 % des männlichen ingenieurtechnischen Personals durch ihre Arbeit sehr viel bzw. viel zu Neuerervorschlägen angeregt werden, haben nur 20 % des weiblichen ingenieurtechnischen Personals eine solche Arbeit.

Diese Lage zu verändern, wird sehr schwierig sein; nicht zuletzt deshalb, weil die Frauen sich nicht genügend bewußt sind, welche Bedeutung die Art der Arbeit, das Maß der Verantwortung und der wissenschaftlich-technischen Grundsatzarbeit für ihre Entwicklung haben. So betrachten z. B. nur 8,3 % von ihnen den fehlenden Einsatz der Frauen als Grundsatzbearbeiter mit als Ursache dafür, daß im Bereich des ingenieurtechnischen Personals der Anteil der Frauen niedriger ist als der der Männer (bei Einfachkodung sogar nur 2,6 %). Nach Ansicht der befragten weiblichen Hoch- und Fachschulkader sind für die zu langsame, den gesellschaftlichen Erfordernissen nicht gerecht werdende Entwicklung der Frauen zu mittleren und leitenden Kadern hauptsächlich familiäre Gründe maßgebend. Ausschließlich für situationsbedingt halten diese Erscheinung 39,3 % von ihnen, einschließlich Mehrfachkodung sogar 78,3 %.

3. komme ich zu der allen wohlbekannten Erscheinung: "Eine bleibende Besonderheit ergibt sich aus den Aufgaben der Frau im natürlichen Reproduktionsprozeß des menschlichen Lebens. (Mit der Verwendung dieses Begriffs ist beabsichtigt zu kennzeichnen, daß aus dem Wesen der Mutterschaft nicht für die gesamte Entwicklung des Kindes besondere, ausschließlich der Mutter zukommende Aufgaben im Vergleich zu denen des Vaters abgeleitet werden müssen.)"[2] Dem entspricht die gegenwärtige Praxis immer noch ungenügend.

Im Falle unserer Untersuchungen können sich die befragten männlichen Hoch- und Fachschulkader Frau und Kinder gewissermaßen leisten, und zwar, wie belegt werden konnte, ohne Verzicht auf mittlere und leitende Tätigkeit.

84,4 % von ihnen sind verheiratet und 81,6 % sind auch Väter. Dabei haben letztere keineswegs nur ein Kind, sondern fast die Hälfte mehrere Kinder, 14,2 % sogar 3 und 4 Kinder. Dagegen sind von den befragten weiblichen Hoch- und Fachschulkadern nur 57,5 % verheiratet und 45 % Mütter. In ihren Familien überwiegen die Einzelkinder, nämlich zu 61,1 %; 33,3 % von ihnen haben 2 Kinder; 3 Kinder sind mit 5,5 % schon selten, und 4 Kinder sind in den Familien gar nicht vorhanden. Das ist der konkrete Unterschied, obwohl die Frauen, wie in Punkt 2 nachgewiesen wurde, in weit geringerem Maße als die befragten Männer mittlere und leitende Funktionen innehaben. Ja, einige von den befragten unverheirateten Frauen drückten sogar ihre Bereitschaft aus, zum Zwecke der beruflichen Entwicklung weiter auf Familie und Nachkommenschaft zu verzichten. Trotzdem scheuen Kaderleiter bzw. Wirtschaftsfunktionäre den Einsatz selbst solcher weiblicher Hoch- und Fachschulkader in verantwortliche Tätigkeiten, insbesondere innerhalb von Forschungsabteilungen der Betriebe, und zwar speziell mit dem Argument, die termingebundenen Forschungsaufgaben nicht gefährden zu wollen; es könnten ja doch jederzeit familiäre Aufgaben auf die Frauen zukommen, womit für den Betrieb Schwierigkeiten entstünden. Uns geht es um das Recht der Frauen auf berufliche und familiäre Entwicklung, darum, solche gesellschaftlichen Voraussetzungen zu schaffen, die unsere weiblichen Hoch- und Fachschulkader ihre berufliche Entwicklung unter den konkreten Bedingungen der technischen Revolution nicht oftmals nur unter Verzicht auf familiäres Glück gewährleistet sehen lassen. Mit unseren empirischen Untersuchungen, die wir erweitert fortsetzen werden, wollen wir unseren Beitrag dazu leisten, daß die nötigen Schlußfolgerungen gezogen werden.

ANMERKUNG

1 In: Beihefte Zentrale Information, herausgegeben vom Zentralinstitut für Information und Dokumentation, Berlin o. J., S. 59.

2 A. Grandke, H. Kuhrig, G. Nacke: Die gesellschaftliche Stellung der Frau in der DDR und die Aufgaben der Wissenschaft, in: Einheit, H. 1/1967, S. 56/57.

KRYSTYNA WROCHNO (Warschau)

Aspekte qualifizierter und leitender Tätigkeit von Frauen in Polen

Die Polnische Akademie der Wissenschaften legt großen Wert auf eine Zusammenarbeit mit der Deutschen Akademie der Wissenschaften sowie auf den Erfahrungsaustausch über die Forschung zur gesellschaftlichen Stellung der Frau. Es geht hier nicht allein darum, wie der Vorsitzende des Wissenschaftlichen Beirats, Prof. Hartke, in seinem Referat mit Recht betont hat, empirische Untersuchungen von einem schmalen Bereich anzuhäufen.

In unseren beiden Ländern fehlt es nicht an für die Praxis nützlichen diagnostischen Untersuchungen. Solche Untersuchungen sind auch nötig. Vor allem jedoch existiert ein großes Bedürfnis für die Koordinierung weiterer Untersuchungen in den einzelnen Disziplinen der Gesellschaftswissenschaften sowie für eine Programmierung der Entwicklung interdisziplinarer Untersuchungen, die erst eine Problemstellung unter vielen Aspekten zulassen würden. Solche Untersuchungen ermöglichen es, Hypothesen, die sich auf einem höheren Grad der Allgemeinheit befinden, zu verifizieren und Behauptungen von einem breiteren historischen und räumlichen Umfang zu treffen. Diese Arbeitstagung ist eine hervorragende Initiative, weil hier das Thema "Die Rolle und die Aufgaben der Wissenschaft im Hinblick auf die sich wandelnde Stellung der Frau in der Gesellschaft" behandelt wird.

Dieses Thema ist nicht nur für unsere beiden Staaten von Wichtigkeit. Die Lage der Frauen in den sozialistischen Ländern erweckt unter den Vertretern der Gesellschaftswissenschaften in der ganzen Welt immer größeres Interesse. Indem wir die Bedingungen des menschlichen Lebens in den sozialistischen Ländern geändert haben, schufen wir die Voraussetzung für die Frauen, von ihren Rechten Gebrauch zu machen, schufen wir nicht nur die Grundlagen für die Änderung der Verhaltensweise der Frauen, sondern auch die Grundlagen für die veränderte Einstellung zur eigenen gesellschaftlichen Rolle, zur Arbeit, zur Familie, zum Leben. Wenn wir auf diesem Forum die Ergebnisse unserer Untersuchungen darlegen, können wir die Tendenzen zeigen, die - obwohl sie viel Gemeinsames in allen Industrieländern haben - sich doch in den sozialistischen Ländern durch ihre eigene Spezifik unterscheiden. Das resultiert aus der Tatsache, daß die sozialistischen Länder eine aktive Politik auf allen Gebieten, die die Stellung der Frau in der Gesellschaft betreffen, führen. Bezugnehmend auf das Referat des Präsidenten möchte ich deshalb die besondere Bedeutung der Forschung auf diesem Gebiet nicht nur für die Praxis, nicht nur für die Entwicklung der Wissenschaft in unseren Ländern, sondern auch als Beitrag für die Gesellschaftswissenschaften in der Welt betonen.

In den letzten Jahren erleben wir in der Volksrepublik Polen eine Periode der vielfältigen empirischen Untersuchungen jeglicher Aspekte, die die Stellung der Frau in der Gesellschaft betreffen. Es ergibt sich die dringende Notwendigkeit, diese in vielen Disziplinen verstreuten Forschungen in einen Strom münden zu lassen, die Notwendigkeit einer Synthese und einer Verallgemeinerung. Diesem Ziel dient bei uns in Polen ein vor zwei Jahren gebildetes Seminar Frauenarbeit beim Institut für Philosophie und Soziologie der Polnischen Akademie der Wissenschaften, geleitet von Dozentin Dr. Magdalene Sokołowska. Ich bin ständiges Mitglied dieses Seminars, an dem Vertreter verschiedener Disziplinen und Spezialgebiete, Soziologen, Ökonomen, Ärzte, Pädagogen und Psychologen teilnehmen.

Mit welchem Fragenkomplex, im Zusammenhang mit der gesellschaftlichen Stellung der Frau, beschäftigten sich die Vertreter der Gesellschaftswissenschaften in Polen in den letzten Jahren? Ich werde mich auf einige Beispiele, die die Frauenarbeit betreffen, beschränken.

Der Prozentsatz der Frauen unter den in unserer Wirtschaft insgesamt Beschäftigten wächst ständig. Der Anteil der Frauen beträgt zur Zeit etwa 37 %. In den Städten ist jede zweite Frau im arbeitsfähigen Alter berufstätig. 55 % aller werktätigen Frauen sind verheiratet. Nach statistischen Angaben aus dem Jahre 1964 haben 4 % aller arbeitenden Frauen und 4,5 % aller arbeitenden Männer Hochschulbildung. Eine höhere Bildung als die Grundschulbildung haben 36,7 % aller arbeitenden Frauen und 30,3 % aller arbeitenden Männer. Die Tatsache, daß das Bildungsniveau der berufstätigen Frauen höher ist als das der Männer, erklärt sich aus der offensichtlichen Tatsache, daß bei den Frauen eine Auswahl getroffen wird. Von 100 Frauen mit höherer Bildung sind ungefähr 90 berufstätig, von 100 Frauen mit mittlerer Berufsausbildung 80 und von 100 Frauen mit Grundschulbildung ungefähr 50.

Diese Angaben erscheinen recht positiv, jedoch ist für die Stellung der Frau nicht nur allein die Tatsache ausschlaggebend, daß sie arbeitet, sondern vor allem, auf welchen Gebieten, in welchen Berufen sie arbeitet und welche Stellung sie bekleidet. Dazu einige Angaben. Die Soziologin Anna Preis-Zajdowa untersuchte die beruflichen Vorzüge der Frauen. Sie suchte dabei nach den Ursachen der uns allen gut bekannten Erscheinung, daß einige Berufe wie Krankenschwester, Lehrerin, Ärztin, Pharmazeutin immer mehr den Charakter eines feministischen Berufs annehmen. Unzureichend ist in Polen aber der Anteil der Frauen an technischen Berufen. Unter den Kadern mit höherer Bildung hatten die Frauen 1964 einen Anteil von 34,4 %. Unter den Ärzten waren es 44,3, unter den Zahnärzten über 80, dagegen unter den Ingenieuren nur 11,3 %. Unter den Kadern mit mittlerer Bildung waren im gleichen Jahr 48,7 % Frauen, unter den Lehrern über 80 %, dagegen in den technischen Berufen, die mittlere Bildung erfordern, nur 16,7 %.

Die Wirtschaftswissenschaftlerin Janina Waluk untersuchte die Löhne für Frauen und stellte fest, daß - ungeachtet des gesetzlichen Grundsatzes des gleichen Lohnes für gleiche Arbeit - die Frauen im Durchschnitt weniger als die Männer verdienen. Das geschieht vor allen Dingen deshalb, weil der größte Teil der Frauen in schlechter bezahlten Berufen arbeitet. Weitere Ursachen sind darin zu sehen, daß die Frauen im Durchschnitt nicht so hohe Stellungen innehaben wie die Männer, auch wenn man solche Gruppen vergleicht, die die gleiche Berufsausbildung erfordern. Die Ursachen der nicht nur bei uns in Polen auftretenden Erscheinung, daß der Anteil der Frauen sich vermindert, je höher der Posten und die Stellung ist, sucht man gewöhnlich in der angeblichen "spezifischen Einstellung der Frau" zur Arbeit, in dem vermeintlichen weiblichen Unwillen zur Beförderung, in der Ausübung eines Berufes, der eine größere Verantwortung und einen erheblichen Einsatz erfordert.

Im Lichte der letzten Untersuchungen, die in Polen geführt worden sind, hat sich dies als unrichtig herausgestellt. Die Soziologinnen Stanislawa Dziecielska-Machnikowska und Jolanta Kulpinska führten im Jahre 1964 auf Initiative und mit finanzieller Hilfe des Hauptvorstandes der Polnischen Frauenliga eine Untersuchung hinsichtlich der Frauen in leitenden Funktionen in der Textilindustrie der Stadt Łodz durch. Die Forschungen bezogen 157 Frauen ein, Direktoren, Abteilungsleiter in der Produktion und Meister. Man führte Interviews mit diesen Frauen und ihren Vorgesetzten. Dabei ergab sich, daß die Frauen in leitenden Stellungen mit ihrer ausgeübten Funktion zufrieden sind, daß sie weiterhin aufsteigen möchten, daß sie - nach Aussage der Vorgesetzten - ihre Aufgaben und Berufspflichten gut erfüllen.

Die Haltung der Frauen in leitenden Stellungen - nicht nur in der Industrie - illustriert auch eine von mir durchgeführte Presseumfrage. Auf den Fragebogen, der in einer Frauenzeitschrift veröffentlicht wurde, antworteten 150 Frauen: Direktoren von Betrieben, Direktoren an Lyzeen, verantwortliche Mitarbeiterinnen bei den Räten der Städte, Krankenhausdirektoren. Bei der Mehrzahl (72,4 %) der Personen, die auf den Fragebogen antworteten, handelte es sich um verheiratete Frauen. Über 65 % waren Mütter. Die Fragen betrafen das Verhältnis zur Arbeit, zum Beruf, zur ausgeübten Stellung, zur weiteren Aufstiegsmöglichkeit, zu den auftretenden Schwierigkeiten im Beruf und zu Hause. Über 95 % der

Teilnehmerinnen behaupteten, daß sie mit ihrem Beruf zufrieden seien, und die meisten behaupteten auch, daß sie mit ihrer verantwortlichen Stellung zufrieden wären. Den Ehrgeiz dieser Frauen offenbart die Tatsache, daß 40 % unter ihnen höhere Berufsqualifizierung durch Fernstudium erreichten. Die Hälfte aller Teilnehmerinnen wollte weiter aufsteigen, und nur 4 von denen, die nicht gern noch höhere Stellungen einnehmen wollten, begründeten es mit familiären Schwierigkeiten. Es gab auch andere Begründungen. Einige Frauen wollten die gegenwärtig ausgeübte Arbeit fortsetzen. Eine Krankenhausdirektorin z. B. legte keinen Wert auf eine Beförderung, weil diese sie zum Ausscheiden aus ihrem Krankenhaus führen würde. Es ist also oft nicht die Furcht vor der Verantwortlichkeit, und es sind nicht Familienpflichten, die den Willen der Frauen zum Aufstieg im Beruf hemmen.

Nach dem Urteil der Frauen in leitenden Stellungen bestehen die wesentlichen Schwierigkeiten im Zeitmangel und in der unterschiedlichen Behandlung von Männern und Frauen in den Betrieben. Fast alle Frauen in leitenden Stellungen unterstrichen, daß ihre Arbeit unterschätzt wird. Eine der Frauen schrieb: "Die Frau muß ständig beweisen, daß sie mindestens genauso gut arbeitet wie der Mann, da die Männer überzeugt sind, daß wir dümmer sind als sie." Wie aus der Untersuchung hervorging, war der Weg zur Beförderung und die Arbeit in verantwortlicher Stellung für die Frau nicht immer leicht - nicht nur wegen der doppelten Belastung (Beruf und Familie), sondern auch wegen der traditionellen Überzeugungen, die noch in unserer Gesellschaft lebendig sind.

Aus diesen Forschungen ging ebenfalls hervor, daß das Verhältnis der Frau zur Arbeit hauptsächlich von ihrer Ausbildung abhängt. Diese ist ein Faktor, der sich stark auf die Erhöhung des Grades der Identifizierung mit dem Beruf auswirkt. Im Leben der gebildeten Frau in unserem Lande nehmen die Arbeit und die Erfolge im Beruf keineswegs einen untergeordneten Platz ein; sie beginnen gleich wichtig zu werden wie die Haus- und Familienangelegenheiten. Das Streben nach beruflichen Erfolgen prägt sich gleich stark aus wie die Bestrebungen zu Erfolgen im Familienleben. Die beruflichen Erfolge werden zum persönlichen Bedürfnis der Frau.

Aber die Frauen in unserer Gesellschaft stehen mit diesen ihren Bestrebungen vielfach noch allein. Zum beruflichen Aufstieg werden sie weder von ihrer eigenen Familie noch von der Gesellschaft ermuntert. Die Berufsambitionen der Frau, die einen Haushalt und Kinder hat, werden gesellschaftlich nur dann voll akzeptiert, wenn ihr Haus darunter nicht leidet. Im gesellschaftlichen Bewußtsein wird nämlich als Hauptrolle der Frau ihre Rolle als Ehefrau und Mutter und nicht ihre Rolle im Beruf betrachtet. Und weil die sozialen Einrichtungen jeder Art noch nicht ausreichen und die Frauen von ihren vielen Pflichten ungenügend entlastet werden, geraten diese Frauen - die nicht nur deshalb arbeiten, weil sie arbeiten müssen, sondern auch, und vielleicht vor allem, deshalb tätig sind, weil sie es wollen - in Konflikte. Ein Konflikt zwischen der modernen arbeitenden Frau, die ihre Arbeit als einen Weg betrachtet, um ihre Persönlichkeit voll entfalten zu können, und zwischen einer hierfür noch nicht herangewachsenen Gesellschaft - das ist einer der charakteristischen Konflikte unseres Lebens. Und es ist wohl eine der wichtigsten Aufgaben der Gesellschaftswissenschaften in den sozialistischen Ländern, eine Lösung dieses Konflikts herbeizuführen.

HERTA KUHRIG (Berlin)

Zur Lage der Frauen in Westdeutschland

Die gesellschaftliche Stellung der Frau stellt einen exakten Maßstab für den erreichten Stand des gesellschaftlichen Fortschritts dar. Dieses Wort von Marx, im Referat dieser Arbeitstagung zitiert, finden wir bei der Analyse der gesellschaftlichen Stellung der Frau in beiden deutschen Staaten vollauf bestätigt. Es ist ein Wesensmerkmal des Sozialismus, daß die Verwirklichung der Gleichberechtigung der Frau zu einer Angelegenheit der ganzen Gesellschaft wird. Das schließt ein, daß der Frau wie dem Manne alle Möglichkeiten offenstehen, damit sie ihre Anlagen und Fähigkeiten entfalten und sich zur sozialistischen Persönlichkeit entwickeln kann. Unser humanistischer Ausgangspunkt ist, daß die Frau - ebenso wie der Mann - vor allem Mensch ist, daß ihr die gleichen Menschenrechte zukommen wie dem Manne. Ein Vergleich der Politik und ihrer Ergebnisse zwischen der DDR und der Bundesrepublik offenbart auch auf diesem Gebiet deutlich die historische Überlebtheit des Bonner Systems.

Um die für den Kapitalismus charakteristische doppelte Ausbeutung und Unterdrückung der Frau zu verschleiern und um ihr die Anerkennung der Menschenrechte zu versagen, wird von einer "spezifischen Wesensart" der Frau ausgegangen. In der Frauenenquête[1] der Bonner Regierung heißt es: "Nach diesen Anschauungen ist für die Stellung der Frau in der Gesellschaft vor allem ihr Familienstand von Bedeutung. Das größte Ansehen genießt hiernach die Ehefrau. Von den alleinstehenden Frauen wird die verwitwete und die geschiedene Frau anders bewertet, in der Regel höher, als die ledige, die niemals einen Ehepartner hatte."[2] Nicht nach ihren eigenen Leistungen und Fähigkeiten wird die Frau beurteilt, ihre Stellung zu einem Mann wird zum Bewertungsmaßstab für sie. Das ist wahrlich ein Standpunkt, der jeder humanistischen Anschauung Hohn spricht.

Auf Druck der demokratischen Kräfte - vor allem der Gewerkschaften - war die westdeutsche Regierung gezwungen, sich mit der Situation der westdeutschen Frauen zu beschäftigen. Dafür gab es vielerlei Ursachen. Ohne im einzelnen näher darauf einzugehen, seien die folgenden genannt: die sozialen Auswirkungen der technischen Revolution; der Gegensatz zwischen der im Bonner Grundgesetz verankerten Gleichberechtigung der Frau und ihrer tatsächlichen Stellung in allen Bereichen des gesellschaftlichen Lebens; besonders der Gegensatz zwischen den Leistungen der Frauen in der beruflichen Arbeit und der ungenügenden Anerkennung dieser Leistungen; die herrschende Diskriminierung der Persönlichkeit der Frauen und Mädchen. Hinzu kommt auch die Wirkung der Erfolge, die unsere Republik bei der Verwirklichung der Gleichberechtigung der Frau erzielte, was Bonn gutteils veranlaßte, sich mit der Lage der Frau zu befassen.

Den Antrag auf eine umfassende Erhebung über die Situation der Frau im Beruf, Familie und Gesellschaft hatte Käthe Strobel als Sprecherin der SP-Fraktion im April 1963 im Bundestag wie folgt begründet:

> "Der Tatbestand, daß so viele Frauen berufstätig sind, ist in das öffentliche Bewußtsein entweder nur als 'berufliche Notwendigkeit' oder auch als 'Krise der Familie' eingegangen. Ich möchte sagen, kein Thema ist mit derart massiven Vorurteilen, Tabus und vermeinlichem Wissen von der Mission der Frau belastet, wie jene Fragen, die die Stellung der Frau in unserer Gesellschaft betreffen."[3]

Nach dem Auftrag des Bundestages vom Dezember 1964 sollten, wie es hieß, in dem Bericht Vorschläge zur Verbesserung der Situation der Frauen im Beruf, Familie und Gesellschaft enthalten sein. Über 100 Sachbearbeiter und Referenten beschäftigten sich in 10 Arbeitskreisen eineinhalb Jahre lang mit diesem Thema. Sie legten am 14. September 1966 den Bericht, bekanntgeworden als Frauenenquête, mit einem Umfang von annähernd 700 Seiten vor. Vergleicht man das Ergebnis mit dem Antrag, so muß festgestellt werden, daß durch ihn weder Vorurteile noch Tabus beseitigt, sondern daß diese in unvorstellbarem Ausmaß neu belebt werden. Der Bericht enthält keinerlei Schlußfolgerungen, Maßnahmen oder Vorschläge zur Veränderung der Situation der Frauen; er wird zu einem entlarvenden und beschämenden Dokument über die frauenfeindliche und damit antihumanistische Politik der Kiesinger/Strauß-Regierung. Zu einem derartigen Urteil kommen, zumindest im Ansatz, selbst westdeutsche und Westberliner Presseorgane und Rundfunkstationen. Ein Beispiel dafür gibt Helga Tschapka: "Alles in allem, die Enquête ist eines der wichtigsten und aufschlußreichsten Dokumente für die Struktur, das Klima und die Ideologie unserer Gesellschaft und der in und für diese Gesellschaft maßgebenden Instanzen. Und so nimmt es nicht wunder, daß die Bundestagsdebatte über diesen Bericht vor Tagen nicht nur vor fast leeren Bänken ablief, sondern nichts erbrachte als bestenfalls Detailkritik und Empörung über nicht immer freundliche Presserezensionen ... Es entsteht nach und nach ein Bild von der Stellung der Frau im Beruf, ihrem Bildungsstand und ihrer Beteiligung am öffentlichen Leben. Und dieses Bild ist, wie nicht anders zu erwarten, niederschmetternd."[4]

Welches Ziel wird mit diesem Bericht verfolgt? Er dient der Desorientierung nicht nur der Frauen, sondern der ganzen Gesellschaft; er fügt sich ein in das System der Manipulierung der Werktätigen, der Formierung der Gesellschaft.

a) Das der bürgerlichen Ideologie entsprechende Leitbild von der Rolle der Frau und ihrer Berufung zum "Heimchen am Herd" wird idealisiert. Offen und versteckt wird nachzuweisen versucht, daß die Hauptaufgabe der Frau im häuslichen Bereich liegt. Nicht dem Manne ebenbürtig und gleichberechtigt sei die Frau, sondern sie habe eine besondere Wesensart, und darum versteht "auch heute noch die Mehrzahl aller Frauen ihre Tätigkeit in Haushalt und Familie als Lebensaufgabe und Berufung"[5]. Angesichts einer solchen Konzeption ergibt sich für den Bonner Staat nicht die Notwendigkeit, Maßnahmen zu treffen, um den Millionen berufstätigen Müttern zu ermöglichen, daß sie die Erfüllung ihrer Mutterpflichten mit ihrer Berufsarbeit vereinbaren können. Ganz im Gegenteil; denn es heißt offiziell: "Nach der freiheitlichen Ordnung in der Bundesrepublik gilt allerdings das Recht auf freie Entfaltung der Persönlichkeit und auf freie Wahl des Berufes ... auch für die Frau, so daß der Staat nicht berechtigt ist, generelle Verbote oder Gebote für die Erwerbsarbeit von Müttern zu erlassen."[6]

In einer Hamburger Pressestimme heißt es dazu: "Man hat hier den Eindruck, daß die Verfasser sich nur mit Mühe von dem Satz zurückgehalten haben: Die Mutter gehört an den Herd, leider gibt es kein Gesetz, um das nötigenfalls zu erzwingen."[7]

Wie weitgehend die Begrenzung der Interessen der Frau auf den "hausfraulichen" Bereich konzipiert ist, wird z. B. auch an folgender Aussage deutlich: "Der am öffentlichen Leben interessierten Frau bietet sich in den Familienorganisationen ein reiches Betätigungsfeld."[8]

b) Der Bericht der Bundesregierung ist Bestandteil des sehr entwickelten und ausgefeilten Systems, die Probleme der Frau und der Familie zu mißbrauchen. Wer die Veröffentlichungen verfolgt, weiß, daß es seit Jahren einen Wust von Publikationen gibt, sowohl in der Presse als auch als Monografien u. a. Typisch dafür ist, daß in Nuancen sehr unterschiedliche Meinungen nebeneinander und gleichzeitig vertreten werden - bis auf jene, die dem System gefährlich werden könnten. Mit dem Nebeneinander verschiedener Meinungen soll der Anschein erweckt werden, als ob man sich wirklich mit den Belangen der Frau befasse. Aber dabei wird über Nebensächlichkeiten diskutiert und auf diese Weise von politischen Lebensfragen abgelenkt. In der Vergangenheit hatte es im Zusammenhang mit der Hochkonjunktur Tendenzen einer gewissen Anerkennung des Rechts der Frauen auf Arbeit gegeben. Als Krisenanzeichen deutlich sichtbar wurden, erfolgte eine verstärkte "Manipulierung" der öffentlichen Meinung. Man versucht z. B. verstärkt die Berufstätigkeit von Müttern als etwas Widernatürliches darzustellen mit dem Ziel, daß sich die Frauen ihre Entlassung widerstandslos gefallen lassen. Darüber hinaus sollen auch die Gewerkschaften in ihrem Widerstand gelähmt werden. Aus diesem Tatbestand erklären sich Inhalt und Anlage des Berichts, sein großer Umfang, seine schwere Lesbarkeit und schließlich auch einander widersprechende Aussagen in den einzelnen Abschnitten.

Obwohl angekündigt, enthält der Bericht keine Verbesserungsvorschläge. Zu dem Warum heißt es bei Helga Tschapka: "Um sie zu machen, muß man nämlich vorher wissen, was man für besser hält. Man muß vorher wissen, welche gesellschaftlichen Verhältnisse erstrebenswert erscheinen. Und gerade das wußte man nicht."[9]

Der letzten Feststellung von H. Tschapka kann man nicht zustimmen. Die Bonner Regierung weiß natürlich, welche "gesellschaftlichen Verhältnisse" erstrebenswert sind, doch fördern diese keineswegs die Entwicklung der Frauen und Mädchen. Die Konzeption der Bundesregierung besteht darin: Es werden keinerlei demokratische Veränderungen zugelassen; die doppelte Ausbeutung und Unterdrückung der Frau wird nicht eingeschränkt, sondern sie wird im Zusammenhang mit dem Abbau der demokratischen Grundrechte noch verschärft; die öffentliche Meinung wird so beeinflußt, daß die Werktätigen die Diskriminierung der Frauen als etwas Naturgegebenes hinnehmen; der Widerstand der Frauen soll gelähmt werden; man will gemeinsame Aktionen der fortschrittlichen Kräfte unterbinden. Dem dient auch die Konzeption des Berichtes. Es werden nicht zu übersehende Mängel zugegeben, aber gleichzeitig wird die Verantwortung des Staates dafür in Abrede gestellt, wie es in der Einleitung deutlich zum Ausdruck kommt: "In einer freiheitlichen Grundordnung entziehen sich jedoch manche Bereiche der Einflußnahme durch staatliche Maßnahmen. Hier haben der einzelne und die gesellschaftlichen Gruppen besondere Wirkungsmöglichkeiten und somit besondere Verantwortung."[10]

Der Bericht spiegelt auch die Rolle wider, die diesbezüglich der Wissenschaft im Herrschaftssystem des Monopolkapitalismus zugedacht ist. Ein großer Platz wird hier jenen "Wissenschaftlern" eingeräumt, die bereit sind, offene Apologetik zu betreiben, und denen, die die historische Rückständigkeit rechtfertigen, die die Frauen selbst für ihre Lage verantwortlich machen oder die mit Einzelfakten die angebliche Gleichberechtigung nachzuweisen versuchen.

Hingegen werden die Wissenschaftler, die versuchen, die Lage real einzuschätzen und auch Vorschläge unterbreiten, weitgehend totgeschwiegen. Es fällt z. B. auf, daß keine der unter Leitung der Gewerkschaften vorgenommenen Untersuchungen über die Lage der erwerbstätigen Frauen in den Bericht aufgenommen wurde.

Zu bestimmten Fragen gibt es in diesem Bericht sowohl ein Ja als auch ein Nein. Widersprüchliche Meinungen stehen nebeneinander, ohne das direkt dazu Stellung genommen wird, wohl aber kommt die jeweils rückschrittlichere Auffassung weitaus ausführlicher zu Wort. Das wird schon an folgendem Beispiel deutlich sichtbar: "Die Meinungen darüber, ob Koedukation oder eine eigenständige Erziehung der Geschlechter pädagogisch wertvoller sei, sind geteilt. Die Gegner der Koedukation halten eine eigenständige Mädchenbildung wegen der Eigenart und der Eigenaufgabe von Mann und Frau im Leben für nötig ..., so brauche doch das Mädchen nach wie vor eine besondere schulische Erziehung im Hinblick auf seine Aufgaben als Hausfrau und Mutter."[11] Auch auf diese Weise wird die Meinungsbildung beeinflußt und die Orientierung der Werktätigen erschwert.

Wir beraten auf unserer Arbeitstagung über die gesellschaftliche Stellung der Frau in unserer Republik, über neue Probleme, die sich heute und morgen bei der Verwirklichung der Gleichberechtigung der Frau ergeben; wir beraten über die Aufgaben, die sich daraus für die Wissenschaft und ihre verschiedenen Disziplinen ableiten. Der wahrhaft humanistische Charakter unserer Gesellschaftsordnung bietet die sichere Gewähr, daß die Ergebnisse der Forschung dem Wohle unserer ganzen Gesellschaft dienen, weil sie dazu beitragen, die Entwicklung der Frauen und Mädchen in allen Bereichen unseres gesellschaftlichen Lebens zu fördern. Die Gleichberechtigung der Frau in Westdeutschland wird erst dann Wirklichkeit, wenn im gemeinsamen Kampf aller demokratischen Kräfte die Macht der Monopole beseitigt wird.

ANMERKUNGEN

1 Bericht der Bundesregierung über die Situation der Frauen in Beruf, Familie und Gesellschaft. Deutscher Bundestag, 5. Wahlperiode, Drucksache V/909, Bonn 1966.

2 Ebenda, S. 263.

3 Zit. nach: P. Kipphof, Die restlos ausgewertete Frau, in: Die Zeit, Nr. 40 v. 30. 9. 1966.

4 H. Tschapka im Westberliner "SFB", stenografische Mitschrift einer Sendung vom 7. 2. 1967.

5 Bericht der Bundesregierung, a. a. O., S. 10.

6 Ebenda, S. 21.

7 P. Kipphof, a. a. O.

8 Bericht der Bundesregierung, a. a. O., S. 258.

9 H. Tschapka im Westberliner "SFB", a. a. O.

10 Bericht der Bundesregierung, a. a. O., S. XIX

11 Ebenda, S. 185.

JOACHIM MÜLLER (Leipzig)

Forschungen zum Thema: Die Frau in Geschichte und Gegenwart

Im Zusammenhang mit der Ausarbeitung der Geschichte der deutschen Arbeiterbewegung in acht Bänden wurden wir auch darauf aufmerksam, daß der Anteil der Frauen am Kampf um den gesellschaftlichen Fortschritt nicht oder nur wenig wirklich bekannt und daß die historische Rolle der Frauen in hohem Maße anonym geblieben ist. Die Aneignung eines wissenschaftlichen Geschichtsbildes über den Werdegang der Arbeiterbewegung und der in ihr verankerten Bewegung der Frauen, die mit der Klasse für die Befreiung der Klasse kämpften, wird helfen, den richtigen Klassenstandpunkt einzunehmen und alle Kräfte für den Sieg des Sozialismus zu mobilisieren.

In den frühen Jahren einer spontan nach Organisation drängenden Arbeiterbewegung, als das Proletariat im Begriffe war, sich selbst als Klasse zu begreifen, probierten auch "sozial" denkende Unternehmer ihr Herz aus, um durch "soziale Pflästerchen" die Not der arbeitenden Klasse zu lindern. So entstanden Krankenkassen, Hilfskassen, Unterstützungsvereine. In den Statuten einer solchen auf Selbsthilfe beruhenden Krankenkasse findet sich auch der lapidare Satz: "Die weiblichen Individuen haben keine Stimme". Das war im Jahre 1843. Wenige Jahre später, im Revolutionsjahr 1848, vermerkte die Deutsche Allgemeine Zeitung: "Um das Maß des Lächerlichen vollzumachen, steht man hier im Begriffe, einen demokratischen Frauenverein zu gründen". Der Kampf subjektiv ehrlicher Frauenrechtlerinnen aus dem Bürgertum gegen diese bornierten Auffassungen mag im Sinne einer bürgerlichen Emanzipation der Frau manchen Erfolg gehabt haben, in seinem Wesen ging er an der wirklichen Befreiung der Frau vorbei und zerschellte an seinen eigenen Klassengrenzen. Für uns gilt es, den Nachweis zu führen, daß die Arbeiterklasse und ihre revolutionäre Partei als einzige den Kampf führten, um die doppelte Ausbeutung und Unterdrückung der Frau zu überwinden, und welchen Anteil die werktätigen Frauen daran hatten. Auf der Grundlage der Lehren der Klassiker des Marxismus-Leninismus und im Zusammenhang mit den grundlegenden Arbeiten von August Bebel und Clara Zetkin sehen wir es als Aufgabe, in der Geschichte der revolutionären Partei der deutschen Arbeiterklasse auch die Kontinuität des Kampfes um die Befreiung der Frau aufzuzeichnen. Das wird helfen, den Prozeß der Befreiung der Frau - der ja noch nicht abgeschlossen ist - überschaubar zu machen und ihn bewußt zu fördern.

Es ist eine Tatsache, daß die Geschichte der deutschen Arbeiterbewegung in 8 Bänden in noch nicht genügender Weise widerspiegelt, welchen Anteil die proletarischen Frauen am Kampf der deutschen Arbeiterklasse gehabt haben; es wird nicht ausreichend deutlich, daß sie selbst ein Teil dieser Klasse sind, welche Schritte die Partei der Arbeiterklasse innerhalb der historischen Prozesse unternommen hat, um die Frau aus der doppelten Ausbeutung zu befreien, und wie sie es verstand, die Antworten auf die spezifischen Fragen der Frauen mit der allgemeinen Strategie und Taktik zu verbinden.

Es ist deutlich geworden, daß den Historikern noch nicht genügend der Kampf der Partei um die Befreiung der Frau als untersuchungswürdiger Forschungsbereich ins Bewußtsein gedrungen ist. Zugleich ist damit aber deutlich geworden: Der ganze Fragenkomplex erheischt Antwort. Hier bietet sich ein weites Feld für umfassende historische Untersuchungen, die die Erfahrungen der Geschichte für den gegenwärtigen Kampf - insbesondere auch auf Westdeutschland bezogen - allseitig nutzbar machen müssen. Dieses Bestreben der Historiker äußert sich z. B. darin, daß sie zur Erforschung der Geschichte des Kampfes um die Befreiung der Frau am Lehrstuhl Geschichte des Pädagogischen Instituts Leipzig eine Arbeitsgemeinschaft gebildet haben, die zu vertreten ich neute erstmals offiziell

Gelegenheit habe. Diese Arbeitsgemeinschaft erfaßt heute mehr als 20 wissenschaftliche Kräfte verschiedener Hochschulen und Institutionen, darunter eine Anzahl Lehrer und Schulfunktionäre. Alle zusammen charakterisiert eins: Frauenbewegung hatte keiner als Forschungsgegenstand gewollt oder auch nur daran gedacht. Doch heute wissen wir, daß es sich dabei nicht nur um ein weites Betätigungsfeld, sondern auch um eine dankbare und vor allem gesellschaftlich notwendige Aufgabe handelt.

Die Mitarbeiter sind bereit, ihre Kräfte voll einzusetzen und die Erkenntnis der historischen Entwicklung für die Praxis nutzbar zu machen. Es sei mir erlaubt, eine Bemerkung sozusagen als Fußnote zu machen. Der Blick schult sich bekanntlich mit der Lösung der Aufgabe. Unsere Lehrbücher zeigen, daß unser Geschichtsbild nichts gemein hat mit jener berüchtigten These des Vertreters der sogenannten kleindeutschen Schule der bürgerlichen Historiographie, Treitschke: Männer machen Geschichte. Dennoch gewinnt man den Eindruck, daß die Männer die Geschichte gemacht haben und machen. Wir meinen, daß die Lehrprogramme, die Lehrbücher, Materialien der verschiedensten Art nicht nur die Fragen eines lesenden Arbeiters, sondern auch die Fragen einer lesenden Arbeiterin bedenken und beantworten sollten.

Wir sind mit Professor Gerhard Winkler von der Karl-Marx-Universität in Leipzig sehr einverstanden, daß im marxistisch-leninistischen Grundstudium Probleme des Kampfes um die Befreiung der Frau im Rahmen der Lehrveranstaltungen zur Geschichte der deutschen Arbeiterbewegung behandelt werden und hoffen zugleich, daß sich dadurch manche Kräfte auch in der Forschung diesem Gegenstand zuwenden.

Dem Auftrag der Sektion Geschichte bei der Deutschen Akademie der Wissenschaften folgend, haben wir uns vorgenommen, bis 1971 in einem Sammelband die ersten wissenschaftlichen Arbeiten zu dem genannten Forschungsgegenstand vorzulegen. Heute stehen wir in unseren Untersuchungen freilich noch ganz am Anfang; wir haben gegenwärtig mehr Fragen als Antworten.

Unsere Konzeption setzt das Ziel, den Kampf der revolutionären Partei der Arbeiterklasse für die Befreiung der Frau und ihre Einbeziehung in den Kampf der deutschen Arbeiterklasse um die Eroberung der Macht herauszuarbeiten und den spezifischen Anteil und die Aktivität der Frauen selbst zu belegen.

Unsere Untersuchungen werden sicherlich auch dazu beitragen, den Unterschied zwischen der formalen Gleichheit und der tatsächlichen Gleichberechtigung am Beispiel des Kampfes um die Befreiung der Frau schärfer hervorzuheben. So wie es durch die vorliegenden Arbeiten bereits als gesichert gelten kann, daß der Standpunkt überwunden ist, die proletarische Frauenbewegung habe sich aus der bürgerlichen Frauenbewegung heraus entwickelt, so werden unsere Arbeiten mit zum Ziele haben, nachzuweisen, daß es eine "wirkliche tatsächliche Gleichheit nicht geben kann, solange nicht jede Möglichkeit der Ausbeutung einer Klasse durch eine andere völlig beseitigt ist".[1] Im Kampf um diese tatsächliche Gleichheit hat die Sowjetmacht das Beispiel gegeben, das mobilisierend und aktivierend auf die Frauen wirkte. Gerade unter dem Gesichtspunkt der Entwicklung der sozialistischen Demokratie in der DDR ist es von Interesse, am Beispiel der Sowjetmacht zu zeigen, wie die bisher ausgebeuteten Massen zum Mitregieren herangezogen wurden und wie sich auch die Frauen in der deutschen Arbeiterklasse darauf vorbereiteten, im Kampf um die Macht die Fähigkeit zur Machtausübung zu erlangen. Der Zeitraum von 1917 bis zur Gegenwart ist auch jene Epoche, in der die Ausbeuter "unvermeidlich die Hoffnung auf eine Restauration behalten, und diese Hoffnung verwandelt sich in Versuche der Restauration".[2]

Es wird uns ein besonderes Anliegen sein, den Anteil der Frauen am Kampf der Arbeiterklasse gegen diese Restaurationsversuche im internationalen Maßstab und nach 1945 auf dem Gebiet unserer Republik zu erfassen und darzustellen. Das ist wesentlich die Frage des Anteils der Frauen an der allseitigen Stärkung der DDR. Die Teilnahme an diesem Kampf schloß ein, der Frau Rechte zu geben und sie in der Handhabung dieser Rechte zu befähigen. "Die Durchsetzung dieser Rechte im täglichen Leben und die damit verbundene Klärung der Frage - Frau und Politik - war schon komplizierter. Hierzu war und ist es teilweise heute noch erforderlich, jahrhundertealte Denk- und Verhaltensweisen sowohl der Frauen als auch der Männer zu ändern."[3]

Wir glauben, daß die Frau sich ihr Recht und ihre Befähigung zur Gleichberechtigung durch ihre Tat und ihren Einsatz innerhalb der Arbeiterklasse schon längst errungen hat. Und wir wissen, daß sie in unserem Arbeiter-und-Bauern-Staat teil hat an allen Erfolgen, die das Ergebnis eines mehr als 100 Jahre währenden Kampfes der deutschen Arbeiterklasse und damit auch ihres eigenen Kampfes sind.

Mit dieser Skizze wollten wir einige Absichten und Leitlinien unseres Vorhabens betonen, daß es uns in der historischen Forschung darum geht, eine Konzeption zu verwirklichen, die helfen kann, neue Potenzen für die weitere Stärkung unserer Republik zu wecken. Gleichzeitig unterstützten wir damit die demokratischen Kräfte in Westdeutschland in ihrem Kampf gegen Antikommunismus und Imperialismus.

ANMERKUNGEN

1 W. J. Lenin, Werke, Bd. 28, Berlin 1959, S. 251.

2 Ebenda, S. 253.

3 I. Lange, in: Einheit, H. 1/1965, S. 48.

HELMUT KRAATZ (Berlin)

Neue Aufgaben in der Frauenheilkunde

Lassen Sie mich einige prinzipielle Gedanken zum Unterschied in vielfältiger Hinsicht zwischen Mann und Frau sagen. Angefangen von strukturellen Unterschieden der Gewebsbeschaffenheit, des Körperbaus in proportioneller und leistungsmäßiger Beziehung, der vegetativen und hormonellen Funktionen sind es vor allen Dingen besondere Eigenschaften, mit denen die Frauen und ihre Umwelt rechnen müssen. Da ist z. B. ihre Verwundbarkeit, ihre Infektions- bzw. Entzündungsbereitschaft, eine gewisse Labilität und Empfindlichkeit, aber auch ihre breite Adaptionsfähigkeit und Variationskunst (wir brauchen nur an die Mode und ihren häufigen Wechsel zu denken); da ist vor allem der ihr schon durch den Zyklus aufgezwungene biologische Lebensrhythmus, und da ist - um ein letztes Beispiel zu nennen - ihre viel stärkere Naturverbundenheit.

Von diesen hier genannten Eigenschaften werden einige oft abwertig beurteilt. Und das ist ein großer Fehler. In Wirklichkeit sind solche Dinge wie die Anpassungsfähigkeit und Einfühlungsfähigkeit und der von der Frau ausgehende Reiz im allgemeinen ja die großen Vorzüge. Es gilt, diese Vorzüge zu Waffen zu schmieden, die sie im Kampf um die praktische Realisierung ihrer Gleichberechtigung einsetzen kann, und zwar so, daß sie qualitativ zur Geltung kommen können.

Die Auffassung, die Frau sei für jede Arbeit geeignet, man könne von ihr verlangen, daß sie auf jedem Posten das gleiche leistet wie der Mann, ist eine Utopie. Die Selektion der Arbeit nach den Eigenschaften und dem Vermögen der Frauen ist das Entscheidende. Das gilt für alle Sparten ihrer Tätigkeit hinauf bis in die leitenden Funktionen. Es ist in der Diskussion gesagt worden: Wenn einmal eine Frau in der Leitung steht, dann braucht sie zwei männliche Stützen, die sie tragen. Ich könnte das, was hier gesagt wurde, umkehren: Wenn ein Mann in der Leitung steht, kann er oft sehr gut zwei weibliche Stützen gebrauchen, um mit ihrer Wendigkeit, Geschicklichkeit und mit ihrer Anpassungskunst viele Schwierigkeiten aus dem Wege zu räumen, denen er sich sonst gegenüber sieht. Wir müssen also besser differenzieren und den Einsatz der Frau mehr auf ihre Vorzüge und Fähigkeiten hin ausrichten.

Wenn ein junger Mann zur Armee kommt, dann wird er einem ärztlichen Urteil unterworfen, wofür er am besten geeignet ist, ob er Funker, Flieger, Artillerist werden kann. Kurzum, ob es bei ihm irgendwelche Ansatzpunkte gibt, die ihn besonders befähigen, die ihm umgekehrt aber auch schaden könnten, vor denen man ihn dann schützen müßte.

Ich bemühe mich seit langem zu erreichen, daß das mit der Frau in ihren Arbeitsbereichen auch geschieht. Der Vorteil, der aus der Anpassung an ihre Vorzüge zu erreichen ist, wäre auf besonderen Gebieten in ihrem eigenen Interesse und im Interesse der Gesellschaft ungeheuerlich. Das ist meine Überzeugung.

Und so lassen Sie mich folgende Schlüsse daraus ziehen: Es ist Sache der Medizin - und ich mache mich anheischig, das im Rat für Planung und Koordinierung der medizinischen Wissenschaft zu vertreten -, daß wir diesen Fragen unsere besondere Aufmerksamkeit zuwenden. Wir sind auf dem Gebiet der Sozialhygiene an der Grenze angelangt, wo die theoretische Vorarbeit der Sozialhygieniker aufhört und wo sie zur Sterilität verdammt wäre, wenn sie nicht von der klinischen Medizin aufgegriffen würde. Das ist auch für mich der Anlaß, mit Ihnen zusammenzuarbeiten und in meiner Klinik eine Abteilung und, wie ich hoffe, auch einen Lehrstuhl für soziale Frauenkunde einzurichten.

Die Gleichberechtigung der Frau ist nicht mit Gleichheit der Geschlechter zu verwechseln. Die Gleichberechtigung muß sich vielmehr aufbauen auf gleichen Rechten und Chancen unter voller Würdigung unterschiedlicher Qualitäten und Fähigkeiten von Mann und Frau. Damit erst kommen wir zu einer besseren Verteilung leistungsfähiger Kräfte in der Wirtschaft, in der Kunst, in den geistigen und wissenschaftlichen Berufen. Die verschiedenen Altersstufen sind dabei natürlich auch zu berücksichtigen; aber was die prinzipiellen Fragen solcher Adaption und Auslese anbelangt, spielen sie keine Rolle. Ich kenne z. B. auf dem Gebiet der Pädagogik keine bessere Kraft als die ältere Frau jenseits der Geschlechtsreife, die durch die Summe ihrer Erfahrungen als Frau und Mutter mit besonderer Reife und Abgeklärtheit zu urteilen und zu erziehen vermag. Hier sind Reichtümer versteckt, die wir nutzen müssen.

Wir sollten nicht vergessen, daß sich gerade aus dem bipolaren Spannungsfeld zwischen Mann und Frau viele belebende Elemente für unser Leben ergeben, auf die wir nicht verzichten wollen und können.

ANNELIESE SÄLZLER (Magdeburg)

Forschungsaufgaben in der Medizin

Für die Medizin ergeben sich die vielfältigsten Aufgaben, deren Lösung erst die juristisch bestehende Gleichberechtigung für alle Frauen und auf allen Gebieten des gesellschaftlichen Lebens wesentlich mit zum endgültigen Durchbruch verhilft.

Sie werden fragen: warum gerade für die Medizin? Für die Landwirtschaft, den Handel, die Elektroindustrie, überhaupt für alle Wissenschafts- und Industriezweige trifft das gleichermaßen zu. Ohne Verkennung oder Unterschätzung dieser Aufgaben ist es die Spezifik der Medizin, die hier den Ausschlag gibt.

Jedes Gebiet muß - ausgehend von den bestehenden Besonderheiten der Arbeitsbedingungen - die Durchsetzung der Gleichberechtigung der Frau auf das Betriebsgeschehen abstimmen; denn es geht uns doch nicht um eine Gleichberechtigung der Frau um jeden Preis, sondern um eine Gleichberechtigung unter Berücksichtigung ihrer organischen und psychischen Besonderheiten.

Rechnen Sie mit der Gesamtzahl der berufstätigen Frauen, der von ihnen zu erbringenden möglichen Leistung, den Ausfallzeiten durch Krankheit der Frau oder des Kindes bzw. durch Schwangerschaft, der notwendigen Qualifikation als Voraussetzung für die Übernahme höherer Funktionen, Schaffung von Arbeitserleichterungen, Einkaufszentren, Kindergartenplätzen, der Entwicklung des Bewußtseins usw. Ihr Plan kann nur Wirklichkeit werden, wenn auch die Leistungsfähigkeit der Frau den an sie gestellten Anforderungen entspricht. Leistungsfähigkeit ist aber direkt proportional dem Gesundheitszustand, und der Gesundheitszustand wird beeinflußt von der ganztätigen Belastung, d. h. durch die Gesamtbelastung in physischer und psychischer Hinsicht durch Beruf, Persönlichkeitsentwicklung, Haushaltsführung, Erziehung der Kinder, Familiensituation, Betriebsklima usw. Wir dürfen also beim Einsatz der Frau nicht nur die z. Z. bestehende Leistungsfähigkeit zugrundelegen, die zudem wesentlich durch die Leistungsbereitschaft positiv oder negativ beeinflußbar ist, sondern wir müssen von der möglichen Belastbarkeit der Frau unter Berücksichtigung der generativen Funktion ausgehen, die ihre Leistungsfähigkeit und Lebensfreude bis ins hohe Alter erhält.

Es ist hier die Frage zu beantworten: Was nutzt uns eine für wenige Jahre hochleistungsfähige Frau, die frühinvalidisiert der Hilfeleistung und Fürsorge des Staates bedarf? - Sehr wenig; denn nicht nur die ökonomische Belastung des Staates, die sich daraus ergibt, ist hier zu beachten, gleichermaßen sind auch Schul- und Berufsausbildung mit ihrem finanziellen Aufwand durch den Staat zu werten, die in solchen Fällen nicht in vollem Umfang zum Tragen gekommen sind. Wir müssen deshalb nach Wegen suchen, die Leistungsfähigkeit der Frau mit dem Aufwand für Bildung und Qualifizierung und der Leistungsmöglichkeit in Übereinstimmung zu bringen.

Mit Ausnahme der Arbeitshygiene, die wiederum infolge der sich häufenden neuen Aufgaben durch die gesamte Technisierung der spezifischen Problematik der Frau nicht die erforderliche Forschung widmen konnte, waren bisher Mittelpunkt unserer Betrachtungsweise und der Forschungsthematik bei der Frau ganz besonders die Zeit der Schwangerschaft, das Sexualgeschehen und die Besonderheiten der Erkrankung geschlechtsspezifischer weiblicher Organe. Man kann sagen: Die Frau ist in Behandlung und Betreuung auch heute noch vorwiegend das Privileg des Gynäkologen - ohne hier zu unterschätzen, wieviel gerade durch ihn allgemein regulierbar ist. Diese einseitig betonte Entwicklung spiegelt sich auch ganz deutlich an der z. Z. bestehenden Organisationsform wider. So gibt es eine gut organisierte Schwangerenberatung, die gynäkologischen Reihenuntersuchungen werden von Jahr zu Jahr verdichtet, die Eheberatung bemüht sich darum, daß das Familienleben mit den gesellschaftlichen Bedingungen übereinstimmt, die Mütterberatungen und der Jugendgesundheitsschutz bieten die beste Gewähr für eine gute Beratung der Mütter in gesundheitlichen Fragen ihrer Kinder. Aber wo kann sich die Frau als Persönlichkeit - als soziales, gesellschaftlich und biologisch determiniertes Wesen - darüber hinaus Rat, Hilfe, Unterstützung oder Anregungen holen?

Überdenkt man einmal die Gesamtheit der Aufgaben, die zur Durchsetzung der Gleichberechtigung der Medizin obliegen, so ergibt sich folgendes:

1. Wir müssen, ausgehend von der Analyse des heutigen Morbiditäts- und Frühinvaliditätsgeschehens bei der werktätigen Frau, die vorwiegenden Belastungsfaktoren zu ermitteln versuchen, die die Leistungsfähigkeit - ganz allgemein oder sogar vorzeitig - einschränken, um hier eine Änderung herbeizuführen.
2. Wir müssen, entsprechend dem neuesten Stand der Technik Normen erarbeiten, die die physische und psychische Belastung für die Frau regeln.
3. Wir müssen noch bessere Voraussetzungen schaffen, daß die Frau ihren beruflichen Anforderungen, einschließlich der Qualifizierung auch bei Erfüllung ihrer generativen Funktion, weitestgehend nachkommen kann, ohne daß daraus gesundheitliche Schäden für Mutter und Kind resultieren oder die Frau etwa zugunsten der Berufstätigkeit auf ihr Familienglück verzichtet.
4. Wir müssen - besonders über unseren verlängerten Arm, den Betriebsarzt - im unmittelbaren Betriebsgeschehen bei einzuführenden Neuerungen technischer Art planend mitberaten, um beruflich bedingte Gesundheitsschäden zu verhindern; denn vorbeugen ist besser als heilen.
5. Wir müssen beratend mitwirken beim Klären aller Probleme mit direktem Einfluß auf den Gesundheitszustand.
6. Wir müssen überlegen, wie wir die Organisationsform im Gesundheitswesen sinnvoll den Belangen der berufstätigen Frau anpassen können, um eine Betreuung der Frauen auch außerhalb des Schwangerschaftsgeschehens in Hinblick auf die bestehende Doppelbelastung zu gewährleisten.

Ausgehend vom heutigen Stand muß man kritisch feststellen, daß die Medizin in dieser Beziehung ihren Aufgaben bei der Durchsetzung der Gleichberechtigung der Frau noch nicht gerecht geworden ist, weil wir z. T. die Fragen unterschätzt haben. Das darf aber nicht so bleiben. Deshalb hat sich der Rat für Planung und Koordinierung mit seinen Problemkommissionen und den medizinisch-wissenschaftlichen Gesellschaften die Aufgabe gestellt, im Laufe dieses Jahres eine Konzeption zur Verwirklichung der Aufgaben auszuarbeiten, die unbedingtes Anliegen der Medizin sind. Die Erfüllung, dessen sind wir uns vollauf bewußt, ist nur durch eine gut organisierte Gemeinschaftsarbeit möglich, eine Gemeinschaftsarbeit zwischen den verschiedenen medizinischen Fachdisziplinen, aber auch eine Gemeinschaftsarbeit mit den wichtigsten Fachbereichen der Technik und anderen Wissenschaftszweigen. Zwei Zielrichtungen sind dabei gleichzeitig zu verfolgen:

Erstens müssen wir unser Augenmerk auf die Schaffung gesundheitsfördernder Umweltbedingungen richten. Das bedeutet die weitestgehende Ausschaltung von Noxen möglichst schon bei der Planung.

Zweitens müssen wir Maßnahmen einleiten, die zur Konditionssteigerung führen. Das erfordert aber umfangreiche Kenntnis der Anpassungs- und Leistungsfähigkeit unter Berücksichtigung der Altersbesonderheiten an die sich ändernden Arbeits- und Lebensbedingungen.

Es ist aber nicht nur eine gesellschaftlich notwendige Aufgabe, der wir uns nicht verschließen können und dürfen, für die wir uns mit ganzer Kraft einsetzen müssen. Es ist darüber hinaus auch ein Ziel, das es sich uneingeschränkt und ohne Vorbehalte zu verfolgen lohnt, weil es uns dem höchsten Anliegen des Arztes - der Erhaltung der Gesundheit und Leistungsfähigkeit - ein weiteres Stück näherbringt.

KURT WINTER (Berlin)

Sozialhygienische Aspekte der gesellschaftlichen Stellung der Frau

Die Gleichberechtigung der Frau ist gesetzmäßiger Bestandteil des Systems der sozialistischen Gesellschaft. Die Verwirklichung der Gleichberechtigung ist nicht nur eine langwierige, sondern auch eine komplizierte Aufgabe. Es geht nicht nur um die Überwindung von Vorurteilen und die Schaffung neuer Rechtsnormen, sondern es geht vor allem auch um die Anpassung der Gesellschaft an die Bedürfnisse und Möglichkeiten der Frau. Keine Gesellschaft kann ohne die Mitwirkung der Frau existieren. Jede bisherige Klassengesellschaft war Männergesellschaft. Das dementsprechende Recht haben wir entscheidend verändert, und das ist nicht wenig. Was uns aber not tut, sind noch mehr positive Maßnahmen, die der Frau in ihrer physiologischen Eigenart und Funktion gerecht werden. In der sozialistischen Gesellschaft wird die Persönlichkeit der Frau geachtet. Das schließt die Anerkennung ihrer besonderen Funktion als Mutter ein. Vergessen wir nicht, daß die Kinder von heute die Produzenten von morgen sind; wir wären schlechte Kommunisten, wenn wir nicht auch an die Zukunft dächten. Umfassende Fürsorge durch Staat und Gesellschaft für die werdende Mutter und unsere Kinder ist daher eine vorrangige Aufgabe.

Wissenschaftliche Erkenntnis und ihre konsequente Anwendung in der sozialistischen Gesellschaft haben uns auf diesem Gebiet große Erfolge gebracht. Vor 100 Jahren ergaben 4,2 Schwangerschaften genauso viele leistungsfähige Menschen im Alter von 20 Jahren wie heute 2,8 Schwangerschaften. Das bedeutet eine echte Entlastung der Frau. Aber zwei Weltkriege und ihre Folgen haben unsere demographische Situation äußerst ungünstig gestaltet. Während die Weltbevölkerung um 2 bis 3 % jährlich zunimmt, die Bevölkerung Europas um fast 1 %, steht der Zuwachs in der DDR mit 0,3 bis 0,4 % am Ende der Tabelle. Wir brauchen demnach eine positive Bevölkerungspolitik. Die Anzahl der Geburten ist in der DDR von 300.818 im Jahre 1961 auf 268.909 im Jahre 1966 abgesunken, d. h. um mehr als 10 %. Zur Hälfte erklärt sich dieser Abfall dadurch, daß die geburtsarmen Jahrgänge der Nachkriegszeit ins Heiratsalter treten, zur anderen Hälfte durch eine falsche Haltung zum Kind. In den USA liegt die Geburtenrate bei 23 % - in der DDR 1966 bei 15,8 % -, und der Bevölkerungszuschuß beträgt jährlich 1,5 %, trotz Krieg, chronischer Arbeitslosigkeit und allen anderen negativen Faktoren der imperialistischen Gesellschaft. Um nicht mißverstanden zu werden: Die altersspezifische Fruchtbarkeit liegt bei den Frauen in den USA bis zu 50 % und mehr über der der Frauen in der DDR.

Wir sollten daher die Haltung zum Kind in der DDR als ein hervorragendes Thema wissenschaftlicher Gemeinschaftsarbeit zwischen Ärzten, Psychologen, Soziologen, Juristen und Ökonomen sowie gesellschaftlichen Organisationen betrachten. Von 100 Ehen in der DDR sind 25 ohne Kinder, 25 haben 1 Kind, 25 haben 2 Kinder, und 25 haben 3 Kinder und mehr. Letzteres Viertel der Ehen trägt zu zwei Drittel Freuden und Lasten der kommenden Generation. Hier stehen wir vor ernsten Problemen der Bevölkerungspolitik und der Gleichberechtigung der Frau. Bevölkerungspolitisch müssen wir die Ehe mit 3 Kindern im Bewußtsein als Ideal durchsetzen. Die Lage wird noch dadurch erschwert, daß die ökonomisch und bildungsmäßig Schwächeren meist den größeren Kindersegen aufweisen. Durch eine veränderte Bewußtseinshaltung läßt sich auf diesem Gebiet zweifellos eine Wandlung erreichen, aber dazu benötigen wir neue Erkenntnisse durch soziologische und sozialpsychologische Forschung. Eine indikationslose Schwangerschaftsunterbrechung entspricht heute weder der wissenschaftlichen Erkenntnis noch dem Humanismus unserer Gesellschaft. Ich bejahe daher die Familienplanung, doch sollte man die gesetzlich angeordneten Ehe- und Sexualberatungsstellen bewußt und wissenschaftlich fundiert für eine unserem Staat und unserer Gesellschaft adäquate Bevölkerungspolitik ausnutzen.

Die Vorausberechnungen der Staatlichen Zentralverwaltung für Statistik ergeben bis zum Jahre 1980 nur einen bescheidenen Bevölkerungszuwachs. Aber selbst dieser wird fraglich - darauf deuten auch die Geburtenziffern von 1966 hin -, wenn wir nicht erreichen, daß die Bevölkerung zu dieser Frage eine richtige Haltung einnimmt. Dazu sind auch finanzielle Aufwendungen erforderlich. Diese "Investitionen" sind sehr rentabel, und unser Reichtum sind die Kinder. Meines Erachtens sollte die derzeitige Staffelung der Beihilfen bei der Geburt eines Kindes überprüft werden. Die derzeitige Regelung auf diesem Gebiet - 500 beim ersten bis 1000 Mark beim fünften Kind - scheint mir der für unsere Republik benötigten Bevölkerungspolitik nicht optimal zu entsprechen. Ähnliches gilt, so meine ich, für das monatliche Kindergeld. Die größten Ausgaben entstehen einer Familie beim ersten Kind, weil die Erstausstattung beschafft werden muß. Diese Lasten muß die Familie größtenteils selbst übernehmen, sie ist daher finanziell gegenüber den Kinderlosen benachteiligt.[1]

Ich bitte diese Darlegungen, die engstens miteinander verbunden sind, keineswegs im Sinne einer Forderungsideologie zu verstehen. Mir geht es in erster Linie nicht um mehr Zuwendungen, obwohl ich solche mit wachsendem Nationaleinkommen nicht ausschließen möchte, sondern um eine solche Verteilung der Lasten, die eine positive Bevölkerungsbilanz fördert und die gleichzeitig die gesellschaftliche Stellung der werktätigen Mütter festigt.

In diesem Zusammenhang sehe ich noch ein bedeutsames Problem. Bedingt durch Gleichberechtigung und Akzeleration, hat sich das Maximum der Fertilität immer weiter vorverlegt und liegt heute bei 21 Jahren. Vom Standpunkt der Physiologie ist das sehr zu begrüßen, denn die Erfahrung lehrt uns, daß mit zunehmendem Alter der Schwangeren sich die Gefahren für Mutter und Kind erhöhen. In sozialer Sicht birgt diese Situation aber große Nachteile. Schwangerschaft und Geburt fallen in die entscheidenden Jahre des beruflichen Werdegangs. Die Auswirkungen sind um so schwerwiegender, je höher die Qualifikationsstufe ist.

Von Zeit zu Zeit wird die Medizinische Fakultät (Charité) der Humboldt-Universität Berlin wegen des geringen Anteils qualifizierter weiblicher Kader kritisiert, ohne daß sich in den letzten Jahren viel geändert hätte. Obwohl die weiblichen Studenten 50 % der Studienplätze belegen, gibt es nur vier weibliche Professoren unter 52, das sind etwa 8 %, und eine Frau unter 45 Dozenten.

Sicher gibt es auch subjektive Hemmfaktoren. Entscheidend scheint mir aber zu sein, daß für einen wissenschaftlichen Erfolg Leistungen verlangt werden, die keineswegs im Normalarbeitstag erbracht werden können. Kommen nun noch lange Ausfallzeiten durch Schwangerschaft und Kinderbetreuung für die Frau hinzu, dann ist sie den Anforderungen objektiv nicht mehr gewachsen. Die Berufstätigkeit, so entscheidend und wichtig sie ist, löst demnach allein nicht das Problem. Man muß ernsthaft darüber nachdenken, wie man der Frau helfen kann, trotz Schwangerschaft und Wochenbett sowie Arbeitsausfall durch Kinderbetreuung nicht an Qualifikation zu verlieren, womöglich noch zu gewinnen. Ich sehe auch hier ein wichtiges Gebiet der Gemeinschaftsarbeit. Keinesfalls darf man die Lösung dieser Frage den Institutionen allein überlassen.

Kompliziert ist nach wie vor das Krippenproblem. Zwar ist die von Prof. Hartke aufgeworfene Frage nach der Wochenkrippe wissenschaftlich gelöst. Als Ärzte müssen wir die Forderung aufstellen: so wenig Wochenkrippen wie nur irgend vertretbar. Ich halte die Gemeinschaftserziehung durch Tageskrippen und Familie für eine richtige Lösung. Die hierbei noch existierenden medizinischen Fragen müssen wir zu lösen trachten. Fest steht aber, daß wir auch in den nächsten Jahren nicht annähernd ausreichend Plätze schaffen können. Von dieser Tatsache ausgehend, möchte ich doch folgende Überlegungen zur Diskussion stellen:

1. Sollten wir nicht darauf hinwirken, daß die Kinder erst nach vollendetem 6. Monat in die Krippe gegeben werden? Damit wären gleich zwei Vorteile verbunden. Wir wissen, daß der engen Verbindung Mutter-Kind besonders in den ersten Lebensmonaten große Bedeutung für den Sozialisierungsprozeß zukommt. Uns ist außerdem bekannt, daß die Erkrankungshäufigkeit umgekehrt proportional zum Alter verläuft, d. h., je jünger das Kind ist, desto häufiger

treten Infektionen auf, die zu Ausfallzeiten meist nicht nur einer Mutter führen. Hier fehlen uns allerdings exakte Untersuchungen, die u. a. auch eine ökonomische Aussage zulassen würden. Ich habe keineswegs die Absicht, für eine Verlängerung der Gehaltszahlung auf 6 Monate einzutreten, aber vielleicht ließe sich an Hand der geforderten ökonomischen Untersuchungen eine soziale Überbrückung ermöglichen, wobei es der Mutter freigestellt werden sollte, ob sie in den ersten 6 Monaten arbeitet oder nicht. Dadurch könnte man die vorhandenen Plätze rationeller ausnutzen und zur Steigerung der Arbeitsproduktivität beitragen.

2. Man sollte überlegen und an Hand von Beispielen erproben, ob nicht die Vorverlegung des Kindergartenalters auf 2 Jahre 6 Monate zweckmäßig wäre. Die Akzeleration, die beschleunigte Entwicklung der Kinder, gibt einer solchen Überlegung wissenschaftliches Gewicht. Wir haben daraus schon jetzt Schlußfolgerungen für den Unterricht gezogen. Die Intensivierung von Ausbildung und Erziehung hat doch große Bedeutung im Zeitalter der wissenschaftlich-technischen Revolution. Die Vorverlegung der Aufnahme in den Kindergarten um 6 Monate könnte sich günstig auf die Schulreife auswirken. Kindergartenplätze sind aber wesentlich billiger als Krippenplätze. Im Referat von Prof. Hartke blieb die Medizin im kritischen Teil leider verschont. Wir müssen unsere Arbeit wesentlich verbessern. Manches verdient auch positiver Erwähnung, z. B. die Tätigkeit der Sektion Hygiene der Frau unter Leitung von Frau Prof. Paul. Aber insgesamt ist die Arbeit auf medizinischem Gebiet zu sporadisch und ohne Koordination. Das hat uns zu der Überlegung geführt, daß diesem Gebiet - wie die Soziologen es ausdrücken - die Institutionalisierung fehlt. Gemeinsam mit Prof. Kraatz beabsichtigen wir bei der Profilierung der Frauenklinik der Medizinischen Fakultät (Charité), einen Lehrstuhl zu schaffen, den man "Sozialmedizinische Frauenkunde" nennen könnte. Schwerpunkte seiner wissenschaftlichen und praktischen Tätigkeit wären alle Fragen der Prophylaxe wie Schwangeren-, Ehe- und Sexualberatung, aber insbesondere die Adaptationsprobleme der Frau in Arbeitsfragen, unter spezieller Berücksichtigung der Erkrankungshäufigkeit. Auch auf die Ausbildung und Erziehung der Medizinstudenten und Ärzte könnte sich ein solcher Lehrstuhl sehr segensreich auswirken.

ANMERKUNG

1 Es ist zu beachten, daß die Arbeitstagung, auf der diese Vorschläge unterbreitet wurden, vor dem VII. Parteitag der SED und vor dem Beschluß des Ministerrates vom 3. Mai 1967 stattgefunden hat.

URSULA KRÜGER (Berlin)

Erkenntnisse der Arbeitshygiene - Richtschnur für jeden Betrieb

Die gleichberechtigte Stellung der Frau in der sozialistischen Gesellschaft macht es unerläßlich, die Arbeitsbedingungen für sie so zu gestalten, daß sie zu einer optimalen Leistung für die Gesellschaft befähigt wird; d. h., die Verausgabung von Muskel- und Nervenkraft muß in einer solchen Größe und in einer solchen Art und Weise erfolgen, daß keine Gesundheitsschäden durch Überforderung der Arbeitskraft oder durch andere gesundheitsschädliche Einwirkungen aus der Arbeitsumwelt entstehen.

Aus der Vorstellung heraus, daß die Frau technisch unbegabt sei, war die Maschine früher eine Domäne des Mannes. Demzufolge wurde die Maschine nach den Größen- und Kräfteverhältnissen des Mannes konstruiert. Mit der gesellschaftlichen Entwicklung kam die Frau an die Maschine, aber die Konstruktion blieb unverändert, und das in dieser Hinsicht bis heute, selbst in solchen Industriezweigen wie der Textilindustrie, wo die Frauenarbeit seit langem dominiert. Dies führte und führt zu einer zusätzlichen Belastung für die Frau.

Die Übernahme solcher Arbeitsplätze als Erbe der Vergangenheit ist verständlich, und auch der Umstand findet Verständnis, daß in den ersten Jahren unseres Aufbaus, der sich ja unter außerordentlich erschwerten wirtschaftlichen Bedingungen vollzog, diesen Problemen nicht die genügende Beachtung geschenkt wurde. Aber es ist nach nunmehr 20 Jahren des Aufbaus eines demokratischen und sozialistischen deutschen Staates sicher nicht verfrüht zu fordern, daß die Arbeitsbedingungen stärker als bisher den Gegebenheiten der Frau angepaßt werden. Der gegenwärtige Zeitpunkt ist hierfür um so geeigneter, als das Hauptaugenmerk auf der Rationalisierung und perspektiv auf der Automation liegt; dadurch sind günstige Ansatzpunkte gegeben, um diesen Forderungen, die arbeitshygienischen Bedingungen der berufstätigen Frau zu verbessern, Nachdruck zu verleihen. Es entspricht durchaus den gesellschaftlichen Interessen, wenn die Gestaltung der arbeitshygienischen Bedingungen, unter denen die Frau tätig ist, Eingang auch in die Rationalisierungskonzeptionen der Betriebe, Institutionen usw. findet.

Auch aus einem anderen Grunde ist der gegenwärtige Zeitpunkt geeignet zu fordern, daß die arbeitshygienischen Bedingungen für die berufstätige Frau stärker beachtet werden: Mit der Entwicklung der modernen Produktion verschiebt sich das Schwergewicht der Arbeitsbeanspruchung von der physischen auf die psychisch-nervale Seite. Deshalb müssen wir auch die arbeitshygienische Forschung anders gewichten. Die Forschungsarbeit über die Belastung des Menschen durch die psychisch-nervale Beanspruchung muß sehr intensiviert werden, um auf der Grundlage der dabei gewonnenen Erkenntnisse die Arbeitsbedingungen der Zukunft gestalten zu können. Es ergibt sich die günstige Gelegenheit, die besonderen arbeitshygienischen Probleme der berufstätigen Frau unter diesem Aspekt von Anfang an entsprechend in die Forschung einzubeziehen.

Neben dieser Aufgabe, die ein ganzes Forschungsprogramm darstellt, steht nach wie vor die Forderung, bereits vorhandene arbeitshygienische Erkenntnisse in der Praxis anzuwenden und durch Sanierung der gegenwärtigen Verhältnisse am Arbeitsplatz die berufstätige Frau schnell zu entlasten. Dazu genügt nicht das Verbot bestimmter Arbeiten für Frauen durch den Gesetzgeber, sondern dazu bedarf es der Initiative aller Leitungen von Betrieben und Institutionen und vor allem der Werktätigen selbst. Diese Initiative zu wecken, ist aber nur möglich, wenn über die gesellschaftliche Stellung der Frau, über die Rolle der Frau im Leben der Gesellschaft ganz klare Vorstellungen bestehen und ein entsprechendes Bewußtsein vorhanden ist. Wir stoßen also auch bei der arbeitshygienischen Problematik wieder auf die Bewußtseinsfrage, auf die Fragen der Ideologie, dem Kardinalproblem des ganzen Komplexes "Frau und Gesellschaft".

Die arbeitshygienische Sanierung bestehender Arbeitsbedingungen steht als Tagesaufgabe vor uns. Doch man muß sich darüber klar sein: Bei ungenügender Konzentration auf die Lösung perspektivischer Aufgaben wird das Sanierungsstadium nie überwunden. Deshalb sollten die perspektivischen Aufgaben im Bereich "Arbeitshygiene der berufstätigen Frau" auch im Perspektivplan der Arbeitshygiene als medizinischer Disziplin sehr klar und betont zum Ausdruck kommen.

Die Möglichkeiten, die in der arbeitshygienischen Forschung zu dieser Frage genutzt werden können, sind nicht unbegrenzt und nicht beliebig zu erweitern; es ist deshalb erforderlich, die vorhandenen Kapazitäten auf die Schwerpunkte zu konzentrieren. So ist es meines Erachtens zwar sehr nützlich, wenn man sich mit der Ermittlung der energetischen Belastung bei bestimmten Tätigkeiten der Frau an ihrem Arbeitsplatz beschäftigt, aber es kann sich dabei immer nur um Arbeiten handeln, die der Sanierung dienen. Für jene Aufgaben, die sich aus der Zunahme der psychisch-nervalen Belastung ergeben, wird damit keine wesentliche Vorarbeit geleistet.

Nach dem Stand unserer Erkenntnisse wirken viele Arbeitsplatzfaktoren bedeutend stärker auf die Frau als auf den Mann. So ist beispielsweise die schädigende Wirkung des Lärms auf das vegetative Nervensystem bekannt. Wir wissen aber auch, daß das Nervensystem der Frau, auch das vegetative Nervensystem, viel empfindlicher reagiert als das des männlichen Organismus (abgesehen davon, daß auf Grund hormonal bedingter unterschiedlicher Funktionszustände die Empfindlichkeit des vegetativen Nervensystems bei der Frau zeitweise noch stärker erhöht ist). Wir scheuen uns dennoch nicht, die Frau z. B. in der Weberei und Spinnerei täglich einem starken Lärm auszusetzen. Dabei handelt es sich um keine Einzelerscheinung, sondern um einen allgemeinen Zustand in diesem Industriezweig.

Die Frau ist - auch das wissen wir - infolge einer dickeren Unterhautfettschicht bei höheren Temperaturen in der Wärmeregulation behindert. Trotzdem verlangen wir z. B. in der Textilindustrie von ihr Arbeit unter klimatischen Bedingungen, die durch hohe Temperaturen und hohe Luftfeuchtigkeit bestimmt werden. Ebenso wissen wir um die Wirkung anderer Faktoren auf den weiblichen Organismus wie Vibration, körperlich schwere Arbeit. Diese Faktoren sind in einer so hohen Wertigkeit vorhanden, daß die Anpassungsbreite des Menschen im allgemeinen nicht ausreicht, um ihre Wirkung zu kompensieren. Es ist deshalb unerläßlich, die Aufgabe nur über die Vervollkommnung der Technik oder die Veränderung der Technologie zu lösen.

Abschließend sei bemerkt, daß die Berufstätigkeit der Frau neben der gesellschaftlichen Bedeutung und der Wichtigkeit für die Persönlichkeitsentwicklung der Frau auch in physiologischer Hinsicht ein Positivum darstellt; denn es erfolgt die Exposition des weiblichen Organismus gegenüber Umweltreizen, die seine Intensität und Lebensfähigkeit erhöhen; aber das Maß dieser Umweltreize muß eben ein physiologisches sein. Damit entsteht wieder die Forderung, stärker als bisher beim Gestalten der Arbeitsbedingungen, die ja ganz wichtige Umweltreize darstellen, physiologische Parameter zu beachten. Die Aufgabe der Arbeitshygiene ist es, diese Parameter zu finden und zu bestimmen, die Aufgabe der Produktion besteht darin, diese Parameter einzuhalten.

KARLHEINZ OTTO (Rostock)

Psychische Geschlechtsunterschiede im Kindes- und Jugendalter

Es ist unseres Erachtens hoch anzuerkennen, daß auf dieser Arbeitstagung darum gebeten wurde, das Problem der psychischen Geschlechtsunterschiede zu erläutern und zu diskutieren. In den zurückliegenden Jahren wurde dieser Thematik nämlich allgemein sehr wenig Bedeutung beigemessen. Diese These läßt sich relativ leicht durch einige Fakten belegen.

I.

Erstens: In den sozialistischen Ländern ist bisher - wie die einschlägigen Bibliographien ausweisen - keine einzige Monographie zum Problem der psychischen Geschlechtsunterschiede erschienen.
Zweitens: Die weithin bekannten hervorragenden sowjetischen Psychologen Rubinstein[1], Teplow[2], Ljublinskaja[3], Lewitow[4], Leontjew[5] und andere, gehen in ihren für die Entwicklung der marxistischen Psychologie äußerst wertvollen Werken in keiner Weise auf psychische Geschlechtsunterschiede ein. Sie sprechen über den Menschen allgemein und differenzieren nicht zwischen Frau und Mann, Mädchen und Jungen. Beim Leser kann deshalb insgesamt der Eindruck entstehen, daß es entweder keine psychischen Geschlechtsunterschiede (mehr) gäbe oder daß die (noch) vorhandenen geschlechtsspezifischen Differenzen minimal, unproblematisch und deshalb nicht erwähnenswert seien. Weder das eine noch das andere trifft zu.
Drittens: Hinsichtlich der psychologischen Forschung müssen wir die These aus dem Referat von Prof. Hartke, daß die Probleme der weiteren Förderung und Entwicklung der Frauen in die wissenschaftliche Arbeit ungenügend einbezogen wurden, leider voll bestätigen. In den zentralen Forschungsprogrammen für Pädagogik und Psychologie der DDR sind derartige Themen so gut wie nicht enthalten.

Wie ist es zu erklären, daß die Frage der psychischen Geschlechtsdifferenzen in den vergangenen Jahrzehnten kaum beachtet wurde? Das hat eine Reihe von Ursachen, auf die hier nicht näher eingegangen werden kann.. Nur eines sei kurz hervorgehoben: Notwendigerweise richtete sich die Aufmerksamkeit zu Beginn der sozialistischen Schulentwicklung zunächst darauf, für beide Geschlechter gleiche schulische Bedingungen zu schaffen: Koedukation, gleiche Bildungs- und Erziehungsziele, gleiche Stundentafel, gleicher Lehrplan, gleiche Lehrbücher, gleiche Chancen für den Besuch der höheren Schulen und Universitäten, gleiche Möglichkeiten für die Berufswahl und Berufsausbildung.

Zweifellos war und ist das ein wesentlicher Beitrag zur Befreiung der Frau von ihrer doppelten Ausbeutung. Ein jahrtausendealtes Unrecht an dem weiblichen Geschlecht wurde aufgehoben: Die Mädchen erhielten die gleichen Möglichkeiten wie die Jungen, sich zu bilden und sich zu einer bewußten Persönlichkeit zu entwickeln. Doch darf man nicht annehmen, daß jene psychischen Besonderheiten, die historisch durch die unterschiedliche gesellschaftliche Position der Geschlechter entstanden sind und von Generation zu Generation tradiert wurden, nun nach Schaffung gleicher objektiver Entwicklungsbedingungen für beide Geschlechter sozusagen automatisch und von allein verschwinden oder gar schon überwunden seien. Dieser mechanistische Schluß wurde jedoch vielfach gezogen und begünstigte unseres Erachtens die erwähnte Unterschätzung des Problems der psychischen Geschlechtsunterschiede.

II.

Insbesondere am Beispiel der Schuldisziplin wollen wir nachweisen, daß wir keinerlei Recht haben, die Thematik der psychischen Geschlechtsdifferenzen zu vernachlässigen.

1. Interessante Ergebnisse über die Art und das Ausmaß der geschlechtsspezifischen Unterschiede erhält man allein schon, wenn man die Zensuren für Betragen, Ordnung, Fleiß und Mitarbeit statistisch analysiert. Diese sogenannten Kopfzensuren sind von besonderer Aussagekraft, denn sie stellen im allgemeinen das gemeinsame, synthetisierte Urteil aller in der betreffenden Klasse unterrichtenden Lehrer dar.[6] Von den zahlreichen Ergebnissen unserer statistischen Analysen, die sich auf rund 150 000 Zensuren aus Stadtschulen beziehen, können wir hier nur eine kleine Auswahl - und die auch nur in aller Kürze - darstellen:

a) Mädchen und Jungen unterscheiden sich in allen vier Verhaltensbereichen - wie der χ^2-Test[7] ergab - höchstsignifikant voneinander. Am stärksten sind die Unterschiede in Betragen und Ordnung (χ^2 = 5821,18 bzw. 3046,78), weniger stark sind sie in Fleiß und Mitarbeit (χ^2 = 1493,14 bzw. 924,51). Wie außerordentlich hoch jedoch alle vier χ^2-Werte liegen, kann man ermessen, wenn man bedenkt, daß der Minimalwert für eine Signifikanz auf dem 0,1 %-Niveau (bei 4 Freiheitsgraden) lediglich 18,5 zu betragen brauchte (aber im geringsten Falle schon 924,51 beträgt).

b) Es liegt nun die Frage nahe, ob die geschlechtsspezifischen Unterschiede für Betragen, Ordnung, Fleiß und Mitarbeit auf den einzelnen Klassenstufen verschieden stark ausgeprägt sind. Die χ^2-Werte ergeben vier Kurvenläufe von sehr ähnlicher Gestalt. Alle vier Kurven steigen zunächst an und fallen dann, nachdem sie einen Höhepunkt erreicht haben, wieder allmählich ab. Die Unterschiede zwischen Jungen und Mädchen sind also auf den verschiedenen Klassenstufen in den betreffenden Bereichen nicht gleich stark und bleiben nicht konstant, sondern sie nehmen mit den Schuljahren zu und gegen Ende der Schulzeit wieder ab. Die größten Differenzen liegen in den 3. bis 6. Klassen. In den 9., 10. und 11. Klassen verringern sich die Differenzen deutlich; dennoch erwiesen sich lediglich die ^{2}-Werte für Mitarbeit in den 10. und 11. Klassen als nichtsignifikant.

c) Bisher haben wir nur die reinen Ausprägungsgrade der Unterschiede zwischen Jungen und Mädchen im Disziplinverhalten betrachtet. Am Beispiel des Betragensbereiches soll nun erläutert werden, worin die Unterschiede im einzelnen bestehen. Aus der Kurve für die Häufigkeitsverteilung der Betragenszensuren können wir entnehmen, daß die Jungen um ein Vielfaches häufiger als die Mädchen die Zensuren 3 und 4 erhielten; die Zensur 1 wurde dagegen mehr als doppelt so häufig den Mädchen erteilt. Nur die Zensur 2 fand sich bei beiden Geschlechtern in annähernd gleichem Maße. Die Proportionen sind im wesentlichen für jede der von uns untersuchten 29 allgemeinbildenden polytechnischen Oberschulen typisch.

2. In einer Fragebogenerhebung mit skalierten Antworten, die wir bei etwa 800 Stadtschülern der 7. bis 10. Klassen durchführten, versuchten wir das Disziplinverhalten der Schülerinnen und Schüler differenzierter und detaillierter zu beleuchten, als es die Zensurenanalyse vermochte, die ja nur vier Bereiche (Betragen, Ordnung, Fleiß, Mitarbeit) umfaßt. Allgemein ergaben sich auch hier deutliche geschlechtsspezifische Unterschiede. Die Jungen sind insgesamt häufiger und heftiger disziplinschwierig, die Mädchen dagegen weit seltener und weniger grob. Aus der Tatsache, daß die Mädchen allgemein sich angepaßter und disziplinierter verhalten, darf man nun jedoch keinesfalls den Schluß ziehen, die Jungen müßten nach dem Vorbild der Mädchen erzogen werden. Eine Strukturanalyse des Disziplinverhaltens ergab nämlich, daß die Disziplinschwierigkeiten der Jungen nicht durchgängig negativ und daß das bessere Disziplinverhalten der Mädchen nicht durchgängig positiv zu werten ist. Vielmehr finden sich im Strukturbild für das negative männliche Disziplinverhalten auch solche positiven Merkmale wie mutig, kühn, unternehmungslustig, selbstbewußt, Kraftüberschuß, während das Strukturbild für das positive weibliche Disziplinverhalten auch einige weniger schätzenswerte Faktoren wie autoritätsgläubig, Furcht vor Strafe, schüchtern, scheu, empfindlich enthält.

3. Noch markanter sind die Geschlechtsunterschiede bei den Extremfällen des Disziplinverhaltens. So waren in den vier Erziehungsberatungsstellen der DDR - in Berlin (1965/66), Greifswald (1964 bis 1966), Jena (1965) und Leipzig (1956 bis 1964) - von den 523 zu behandelnden verhaltensgestörten Kindern 81,41 % Jungen und nur 18,59 Mädchen. Eine Analyse der durch Kinder in der DDR verursachten Brände während der Jahre 1960 bis 1964 ergab einen noch geringeren Anteil des weiblichen Geschlechts. Er betrug für die fünf Jahre durchschnittlich nur 6,7 %.

Wegen Zeitmangels haben wir lediglich wenige Beispiele aus nur einem einzigen Bereich, dem Disziplinverhalten, ausgewählt. Es ließen sich jedoch ohne Schwierigkeiten auch aus anderen psychischen Verhaltensbereichen zahlreiche Belege für geschlechtsspezifische Unterschiede anführen. Nur ein solches Untersuchungsergebnis, das ebenso wie alle vorhin berichteten Fakten in der Erziehungspraxis wohl zu berücksichtigen wäre, sei hier noch kurz erwähnt:

4. Wir haben in einem Stadt- und einem Landkreis des Bezirkes Rostock die Geschlechtsverteilung unter den Funktionären der Jungen Pioniere untersucht und konnten in beiden Fällen feststellen, daß in den Gruppen- und Freundschaftsräten insgesamt viel mehr Mädchen als Jungen mitarbeiten. Zwei von jeweils drei Gruppenratsvorsitzenden waren dort 1966 Mädchen, obwohl die Anzahl der Pioniere (50,6 % Mädchen, 49,4 % Jungen) sich fast ausglich. In den Freundschaftsräten waren die Mädchen zu 58,4 % vertreten. Es muß noch im einzelnen untersucht werden, welche Bedingungen dieser Erscheinung zugrunde liegen. Wahrscheinlich ist sie u. a. darauf zurückzuführen, daß in den Schulen überwiegend weibliche Pionierleiter tätig sind und diese vor allem die Mädchen "ansprechen" und zur Mitarbeit heranziehen und daß die Mädchen im ganzen fleißiger, williger, braver und deshalb für die Lehrer und Pionierleiter "bequemere" Funktionäre als die Jungen sind.

Wir haben uns absichtlich vor allem der Phänomenologie der psychischen Geschlechtsunterschiede zugewandt, um die Fakten sprechen zu lassen und deutlich zu machen, daß es falsch ist, das Problem der psychischen Geschlechtsbesonderheiten zu bagatellisieren.

Vermutlich sind geschlechtsspezifische biologische Faktoren, wie Körpergestalt, körperliche Kraft und Motorik, am Entstehen des besonderen Disziplinverhaltens der Geschlechter nicht ganz unbeteiligt. Die Geschlechtsdifferenzen im Disziplinverhalten haben sich unseres Erachtens jedoch im wesentlichen historisch durch die unterschiedliche gesellschaftliche Stellung der Geschlechter in der Klassengesellschaft gebildet. Das disziplinschwierige Verhalten der Jungen paßte ebenso gut zum Bild des sogenannten "starken Geschlechts" wie das brave Verhalten der Mädchen zur Rolle des "schwachen Geschlechts". Noch heute nimmt man dem Jungen einen Disziplinverstoß oder eine 2 und 3 im Betragen weit weniger übel als dem Mädchen. Ja, im Gegenteil, er gewinnt unter Umständen durch ein solches Verhalten an Prestige, weil er sich - so heißt es oft - wie ein "richtiger" Junge verhielt. Hier sind also noch massive Vorurteile im Spiele, die das geschlechtsdifferenzierte Disziplinverhalten geradezu provozieren.

III.

Abschließend sollen einige allgemeine Schlußfolgerungen für die künftige Forschung auf dem Gebiet der Geschlechterpsychologie gezogen werden:

1. Es erscheint dringend notwendig, uns mit den verschiedenen Richtungen der bürgerlichen Geschlechterpsychologie, die überwiegend biologistische Ansichten vertritt, gründlich und prinzipiell auseinanderzusetzen. Das ist um so dringlicher, als in Westdeutschland und im westlichen Ausland ständig zahlreiche und zumeist umfangreiche Abhandlungen über psychische Geschlechtsunterschiede veröffentlicht werden. Mit dieser Thematik befassen sich bürgerliche Wissenschaftler der verschiedensten Disziplinen: Philosophen, Soziologen, Anthropologen, Ethnologen, Mediziner, Psychologen, Pädagogen, Theologen u. a.

2. Auf der Grundlage des historischen Materialismus und breiter empirischer Untersuchungen sollte schnellstens eine umfassende marxistische Theorie der psychischen Geschlechtsunterschiede entwickelt werden. Die Arbeiten von Clauß und Hiebsch[8], Friedrich und Kossakowski[9], Vorwerg[10], Friedrich[11], Hiebsch und Vorwerg[12] enthalten dazu bereits einige wertvolle Thesen, die auszubauen wären.

3. Wir dürfen das Ausmaß der (noch) vorhandenen psychischen Geschlechtsunterschiede und deren Bedeutung für die Entwicklung der Mädchen und Jungen nicht länger unterschätzen. Deshalb sollte man die Forschung über die Genese von psychischen Geschlechtsunterschieden in Zukunft stark intensivieren. Insbesondere müßten umfangreiche entwicklungspsychologische Untersuchungen durchgeführt werden, da viele wesentliche geschlechtsspezifische Einstellungen und Merkmale der Geschlechtsrolle bereits in den ersten Jahren der Kindheit durch die Umwelt geprägt werden.

4. Die Untersuchungsergebnisse sollte man schnellstens der breiten Öffentlichkeit, insbesondere den Eltern und Lehrern, zugänglich machen, damit die althergebrachten, leider noch weitverbreiteten bürgerlichen geschlechtsdifferenzierenden Ansichten und Erziehungspraktiken allmählich überwunden werden.

5. Dabei kann es niemals unser Ziel sein, alle psychischen Geschlechtsbesonderheiten abzubauen und die seelischen Unterschiede zwischen Frau und Mann völlig zu nivellieren. Es sollen lediglich jene Einstellungen und Eigenarten überwunden werden, die der Durchsetzung der vollen Gleichberechtigung im Wege stehen und die optimale Entwicklung des einen oder anderen Geschlechts behindern.

ANMERKUNGEN

1 S. L. Rubinstein, Grundlagen der allgemeinen Psychologie, Berlin 1958; Sein und Bewußtsein, Berlin 1962; Prinzipien und Wege der Entwicklung der Psychologie, Berlin 1963.

2 B. M. Teplow, Psychologie, Berlin 1952.

3 A. A. Ljublinskaja, Die psychische Entwicklung des Kindes, Berlin 1961.

4 N. D. Lewitow, Kinderpsychologie und pädagogische Psychologie, Bd. 1 und 2, Berlin 1962 und 1963.

5 A. N. Leontjew, Probleme der Entwicklung des Psychischen, Berlin 1964.

6 H. Hiebsch, M. Vorwerg, Einführung in die marxistische Sozialpsychologie, Berlin 1966, S. 177 ff.

7 Der χ^2-Test, der zur Prüfung des Unterschiedes von empirischen Häufigkeitsverteilungen verwandt wurde, berechnet sich nach der Formel

$$\chi^2 = \sum \frac{(b - e)^2}{e}$$

Vgl.: E. Weber, Grundriß der biologischen Statistik, Jena 1961, S. 386 ff.

8 G. Clauß, H. Hiebsch, Kinderpsychologie, Berlin 1960, S. 82 ff.

9 W. Friedrich, A. Kossakowski, Zur Psychologie des Jugendalters, Berlin 1962, S. 67 ff.

10 M. Vorwerg, Untersuchungen über Einstellungsstereotype, in: Probleme und Ergebnisse der Psychologie, H. 16/1966, S. 47 ff.

11 W. Friedrich, Jugend heute, Berlin 1966, S. 71 ff.

12 H. Hiebsch, M. Vorwerg, Einführung in die marxistische Sozialpsychologie, Berlin 1966, S. 81 ff.

HORST GÖTZE (Jena)

Der Einfluß regelmäßiger und intensiver sportlicher Betätigung im Pubeszenzalter der Mädchen

Die Entwicklung und Entfaltung der Persönlichkeit des weiblichen Geschlechts ist beim Aufbau des Sozialismus nicht nur erforderlich, sie ist zugleich sowohl Wesensmerkmal als auch untrennbar mit der Entwicklung der sozialistischen Gesellschaft verbunden.

In diesem Prozeß verändert sich einerseits der Anteil der Geschlechter hinsichtlich der Produktivkräfte, andererseits wird in weit höherem Maße das Arbeits- und Lebensmilieu aller unserer Bürger umgestaltet. Es ist abzusehen, daß der Anteil der schweren körperlichen Arbeit zurückgehen und die geistige Arbeit sich zum bestimmenden Faktor im Produktionsprozeß entwickeln wird. Daraus erwachsen zahlreiche Probleme. So werden sich die funktionellen Fähigkeiten vermindern, wenn nicht für entsprechenden Ausgleich gesorgt wird. Die Folge ist einmal eine zunehmende Tendenz zur Bewegungsarmut und zum anderen eine psychische Überbelastung. Da in allen Lebensbereichen die nervalen Beanspruchungen zunehmen, sind durch entsprechende körperlich-sportliche Betätigung natürliche Äquivalente zu schaffen. Je besser die körperliche Verfassung des Individuums ist, umso kürzer und vollständiger wird sich auch der Reproduktionsprozeß der verausgabten geistigen Potenzen und der ermüdeten Sinnesorgane vollziehen können.

Betrachten wir unter diesem Gesichtspunkt die gegenwärtige Form des Schulsportunterrichts in Mädchenklassen, dann trägt sie nur ungenügend zur Entwicklung und Entfaltung des weiblichen Geschlechts bei. Das gilt besonders für die Jahrgänge, die sich im Pubeszenzalter befinden. Auch in unseren Schulen wirkt noch der hemmende Einfluß bürgerlicher Theorien aus der Psychologie, Pädagogik und Medizin. Sie schreiben dem Pubeszenzalter eine Reihe von "Besonderheiten" zu. "Natürliches Reifenlassen" der Heranwachsenden und das Kennzeichnen dieses Entwicklungsabschnittes als "Schon- und Krisenzeit" wirken sich speziell im Sportunterricht der Mädchen negativ aus und lassen große physische, psychische und sportliche Entwicklungsreserven des weiblichen Geschlechts ungenutzt.

Es sind in gewissem Umfange auch noch traditionell übermittelte, konventionelle, in der Gesellschaft entstandene Verhaltensschemata zu überwinden. "Herumtollen" und sich "verausgaben" werden vielfach für die Mädchen vom Menarcheeintritt an für "unschicklich" gehalten. Speziell während des Menstruationsablaufes wird ihnen völlige Ruhe angeraten, und innerhalb und außerhalb des Unterrichts werden sie in der Meinung bestärkt, sie seien an diesen Tagen krank und für körperliche Tätigkeit ungeeignet. Nach neuesten gynäkologischen und sportmedizinischen Erkenntnissen des In- und Auslandes versäumen die Schülerinnen bei einem gegenwärtig durchschnittlichen Eintrittsalter von 12 Jahren und 6 Monaten und einer obligatorischen Schulzeit bis zum 16./17. Lebensjahr meist unbegründet zwischen 60 und 80 Sportstunden. Damit geht ihnen, was die reine Unterrichtszeit betrifft, ein ganzes Schuljahr mit seinem körperlich- und persönlichkeitsbildenden Wert verloren, abgesehen von der eingeschränkten Bewegungstätigkeit außerhalb der Schule.

Mit der Absicht, die Bewegungstätigkeit der Mädchen an den Tagen der Menstruation weitgehend aufrechtzuerhalten, entwickelten wir in Zusammenarbeit mit der Gynäkologin Morigerowski Programme mit einfachen Übungen. Ein Übungsprogramm für Schülerinnen während der Menstruation, das für je ein Schulhalbjahr ausgearbeitet und den Schülerinnen gedruckt ausgehändigt worden war, sah z. B. vor: Wer sich den Anforderungen der Sportstunde nicht gewachsen fühlte, schloß sich zu einer Riege zusammen und übte selbsttätig. Darüber hinaus hielten wir die Mädchen dazu an, in dieser Zeit täglich ein Teilprogramm (3 Übungen) zu Hause auszuführen. Auf diese Weise sollten sowohl die Bewegungstätigkeit erhöht als auch eventuelle Beschwerden gelindert werden. Außerdem wollten wir die

Schülerinnen in der Meinung bestärken, daß während der Desquamationsphase dosierte sportliche Betätigung ohne Schaden möglich ist. Die Einstellung der Mädchen zu diesem zyklischen Vorgang sollte positiv beeinflußt werden.

Bereits nach einem Jahr, das ermittelten wir durch eine Umfrage bei Schülerinnen und deren Eltern, gaben die Mädchen unserer Versuchsklassen in allen Altersgruppen in einem skalierten Antwortschema eine weitaus geringere Beeinflussung des Gesamtbefindens durch die Menstruation an als die Mädchen der Kontrollklassen. Nahezu 200 Mütter sollten uns ebenfalls die Auswirkung der Menstruation auf das Gesamtbefinden ihrer Töchter beantworten. Ihr Antwortmittelwert deckt sich mit dem der Vergleichsgruppe. Die Versuchsschülerinnen unterscheiden sich von den beiden letztgenannten Gruppen mit einer statistischen Sicherung auf dem 0,1 %-Niveau.

Die noch nicht voll verwirklichte Gleichberechtigung der Geschlechter läßt sich bereits im Schulalter nachweisen. Die Mädchen werden in weitaus höherem Maße zur Verrichtung häuslicher Arbeiten herangezogen als die Jungen. Dadurch wird ihr Freizeitbudget wesentlich stärker beschnitten; nach neueren Untersuchungen haben die Jungen täglich etwa eine Stunde mehr Freizeit, was nicht ohne Einfluß auf die Teilnahme der Mädchen an Sport und Spiel bleibt. Die ohnehin schon reduzierte Freizeit füllen die Mädchen nur mit 15,4 Prozent sportlicher Betätigung aus, während die Jungen immerhin 23,2 Prozent dem Sport widmen.

Für diese Problematik ist noch ein Sachverhalt zu beachten. Während bei den Jungen das Interesse für sportliche Betätigung stärker von der Umwelt allgemein ausgeht, wird es bei den Mädchen im engen Bereich des Sportunterrichts geweckt. Die Gestaltung des Sportunterrichts bestimmt somit im wesentlichen Grad und Umfang der sportlichen Tätigkeit des weiblichen Geschlechts. Daraus gilt es, einen Schluß zu ziehen: Der Schulsport-Unterricht bei Mädchen speziell im Pubeszenzalter muß der gesellschaftlichen Stellung des weiblichen Geschlechts in unserer Republik entsprechend verändert werden.

Durch unsere mehrjährigen Untersuchungen, die in enger Zusammenarbeit mit Psychologen, Gynäkologen, Internisten und Sportärzten geführt wurden, konnten wir auch die verbreitete Ansicht widerlegen, daß im Pubeszenzalter das Leistungsstreben bei den Mädchen zurückgehe. Da die sportliche Leistung nicht nur Ausdruck des körperlichen und funktionellen Zustandes des Organismus ist, sondern gleichermaßen auch volutiv bedingt ist, möchten wir das Ausbleiben des "Altersgefälles" bei unseren Versuchsschülerinnen in meßbaren Disziplinen des Sportunterrichts als Beweis anführen. Aus der Fülle des Materials unseres pädagogischen Experiments mit nahezu 600 Schülerinnen möchte ich hier noch einige Ergebnisse bringen.

Was die Leistungsfähigkeit im Weitsprung betrifft, so erreichen die Versuchsschülerinnen in allen Altersgruppen Mittelwerte, die weit über denen der Kontrollgruppe liegen. Mit Ausnahme der Altersstufe 15 Jahre ist eine statistische Sicherung auf dem 5 %- (12, 13 Jahre), 1 %- (14 Jahre) und 0,1 %-Niveau (16 Jahre) möglich.

Zur Schulung motorischer Eigenschaft (Kraft, Ausdauer, Gewandtheit usw.) stellten wir im Kreisprogramm "Leichtathletik/Spiele" in bestimmten Sportstunden Programme aus acht unkomplizierten Übungen zusammen (Auf- /Niedersprünge am Kasten, Medizinballstoßen gegen die Wand, Basketballdribbeln um Gegenstände, Kniehebelauf am Ort, Klimmzüge usw.). Geübt wurde 30 sec, und danach wechselten die Mädchen zur nächsten Übungsstelle und setzten nach 30 sec den Übungsprozeß solange fort, bis sie alle 8 Übungsstationen durchlaufen hatten. Dabei zeigt sich in der Leistungsfähigkeit ein enormer Unterschied. Während bei den Versuchsschülerinnen das "Altersgefälle" ausbleibt, ja sogar ein erneuter Leistungsanstieg nachgewiesen werden kann, geht die Zahl der erreichten Gesamtversuche in vorgegebener Zeit bei der Kontrollgruppe systematisch zurück. Für alle Altersgruppen läßt sich der Leistungsunterschied mit 0,1 Prozent Irrtumswahrscheinlichkeit sichern.

Für besonders wertvoll halten wir noch, daß auf diese höhere Belastung von den Versuchsschülerinnen in allen Altersgruppen mit einer wesentlich geringeren Steigerung der Pulsfrequenz reagiert wird. Das werten wir als Anpassungserscheinung des Kreislaufs auf die intensivere, regelmäßige schulsportliche Betätigung.

Abschließend noch ein Ergebnis: der Rohrer-Index. Er vereinigt die Maße der Körperhöhe, des -gewichts und des Brustumfanges zu einem Wert und kann deshalb als Kriterium für die körperbauliche Entwicklung der Heranwachsenden herangezogen werden. Ohne hier auf Einzelheiten einzugehen, läßt sich verallgemeinern: Es wird deutlich, daß unsere Versuchsschülerinnen nicht so "füllig" sind. In allen Altersstufen bleiben sie unter den Werten der Kontrollgruppe.

Der von uns nach neuen Gesichtspunkten gestaltete Sportunterricht beeinflußte demzufolge auch die körperliche Entwicklung der Mädchen. Einerseits wurden die physischen Voraussetzungen verbessert, andererseits die "Last" vermindert. Daraus möchten wir weitere positive Voraussetzungen für die sportliche Betätigung ableiten. Die im Pubeszenzalter zunehmenden Mißerfolge im Sportunterricht werden eingeschränkt, und das Vertrauen in die eigene Leistungsfähigkeit wird so gehoben. Das ist zugleich als wichtiger Beitrag für die volle Entwicklung und Entfaltung der Persönlichkeit des weiblichen Geschlechts zu werten.

INGE LANGE (Berlin)

Einige ideologische Probleme der Festigung der gesellschaftlichen Stellung der Frauen in der DDR

Diese Arbeitstagung hat nicht nur eine große Bedeutung, weil sie die erste dieser Art in der Geschichte der Wissenschaft in der DDR ist, sondern auch hinsichtlich der Anregungen und Impulse, die von hier für die weitere Arbeit ausgehen. Ich möchte im Namen der Mitglieder der Frauenkommission beim Politbüro der SED sagen, daß wir sehr beeindruckt sind, mit wieviel Interesse und mit welchem Verantwortungsgefühl sich die anwesenden Männer an der Aussprache beteiligen. Das ist auch ein Stück der neuen, sozialistischen Beziehungen, die sich zwischen den Menschen - zwischen Frauen und Männern - in unserer Gesellschaft herausbilden.

Wir erleben in unserer Zeit die große Wahrheit des Marxismus-Leninismus, daß die von Ausbeutung und Unterdrückung befreiten Menschen, unabhängig vom Geschlecht, beim Aufbau der neuen, sozialistischen Gesellschaft in einem vorher nie gekanntem Maße ihre Talente und Fähigkeiten entfalten. August Bebel hat das, was für uns lebendige Gegenwart ist, mit folgenden Worten ausgedrückt: "Wir haben keinen Maßstab, wonach wir genau beurteilen könnten, welche Fülle von geistigen Kräften und Fähigkeiten sich bei Männern und Frauen entwickeln, sobald diese sich unter naturgemäßen Bedingungen zu entfalten vermögen."[1] Wir leben jetzt in einer Gesellschaft und unter Bedingungen, von denen Bebel spricht, und wir besitzen auch den Maßstab, um diesen gewaltigen Prozeß der Entfaltung der schöpferischen Kräfte des Menschen beurteilen zu können.

Die Bilanz unserer Entwicklung auf allen Gebieten ist dafür ein anschaulicher Beweis. Welche Talente und Fähigkeiten der befreite Mensch hervorbringt, zeigt sich besonders eindrucksvoll an der neuen Rolle der Frau in unserer Gesellschaft. Die von doppelter Ausbeutung und Unterdrückung befreite Frau hat sich nicht nur selbst gewandelt, sondern sie bestimmt entscheidend die Entwicklung unserer Republik auf allen Gebieten des gesellschaftlichen Lebens mit.

Die Berufstätigkeit ist für die Mehrheit der Frauen zu einem echten Bedürfnis geworden. Die Frauen sind nicht mehr gewillt, sich nur auf den engen Kreis von Haus und Herd zu beschränken. Ihre geistigen Ansprüche sind gewachsen und wachsen weiter. Sie streben nach höherer Bildung, nach beruflicher Qualifikation und allseitigen Kenntnissen. Frauen sind bei uns heute Mathematiker, Ökonomen, Oberbürgermeister großer Städte, Betriebsleiter, Zugführer, Ingenieure, Techniker usw.

Diese uns allen bekannten Fakten charakterisieren den großen Wandel in der Stellung der Frau. Ich wiederhole die Fakten aber vor allem deshalb, weil wir uns die Frage stellen müssen, wo wir stehen werden, wenn es gelingt - und zwar so schnell wie möglich - alle heute noch wirkenden rückständigen Auffassungen und Überlieferungen in gemeinsamer Arbeit zu überwinden. Diese Frage und der offensive Kampf gegen rückständige Denk- und Verhaltensweisen - das muß der Ausgangspunkt aller Überlegungen zur Einbeziehung der Wissenschaft bei der vollen Durchsetzung der Gleichberechtigung der Frau sein.

Damit dies nicht allgemein bleibt, möchte ich versuchen nachzuweisen, warum gegenwärtig und in der nächsten Zeit das Ausräumen der ideologischen Hemmnisse auf diesem Gebiet, in Verbindung mit der wissenschaftlichen Verallgemeinerung der neuen Denk- und Verhaltensweisen hinsichtlich der gesellschaftlichen Rolle der Frau im Sozialismus, das Kernproblem ist.

Wenden wir uns der von Prof. Dr. Hartke genannten Diskrepanz zwischen der Zahl der in der Volkswirtschaft tätigen Frauen mit Hoch- und Fachschulabschluß und dem Anteil der Frauen in mittleren und leitenden Funktionen zu. Sicher widerspiegelt sich hier auch die

Belastung durch Familie und Haushalt, aber das Problem kann man nicht einer Lösung entgegenführen, solange man den jahrhundertealten Status der Arbeitsteilung zwischen Mann und Frau anerkennt, sondern nur vom Standpunkt der neuen Rolle der Frau, die einen gesellschaftlichen Anspruch auf die Entwicklung ihrer Talente und Fähigkeiten bei gleichen beruflichen Entwicklungschancen hat. Anders gesagt: Zehntausend neue Krippen- und Kindergartenplätze bringen uns allein nicht weiter, wenn nicht die ideologischen Quellen der noch anzutreffenden Vorurteile gegenüber der Frau auch als Vorgesetzte, als Leiterpersönlichkeit usw. erforscht und beseitigt werden.

Ich stimme in vielem mit den Ausführungen von R. Michaelis überein, aber in einem Punkt muß ich doch mit ihm polemisieren. Die Notwendigkeit, Frauen zu Leitungskadern heranzubilden, läßt sich nicht in erster Linie aus dem Frauenanteil von 50,2 % im Industriezweig ableiten, sondern vor allem aus den objektiven gesellschaftlichen Erfordernissen und vom Recht der Frau auf die Entfaltung ihrer Persönlichkeit.

Die Anerkennung der sich daraus ergebenden Konsequenzen ist also letztlich entscheidend. Das aber geht nur über die Klärung der ideologischen Fragen, über die wissenschaftlich begründete Beweisführung. Davon hängt das subjektive Verhalten, die persönliche Einstellung der Leiter als fördernder oder behindernder Faktor ab, von dem E. Zimmer hier mit Recht gesprochen hat. Daß diese zielstrebige ideologische Arbeit in erster Linie die Adresse der Männer erreichen muß, hängt nicht zuletzt mit der statistisch nachzuweisenden Tatsache zusammen, daß etwa 90 % der Leitungsfunktionen mit Männern besetzt sind. Und daß viele dieser Leiter noch eine unterschiedliche Wertung von Männern und Frauen vornehmen, läßt sich nicht von der Hand weisen. Wie anders wollte man sonst die Tatsache erklären, daß 70 Frauen aus einem Bereich des Berliner Werkes für Fernsehelektronik monatelang nichts über ihre Perspektive wissen, über ihren künftigen Arbeitsplatz, den sie nach der Rationalisierung ihres jetzigen Arbeitsbereiches einnehmen werden? Es ist kaum vorstellbar, daß sich der Betriebsleiter 70 Männern gegenüber genauso verhalten hätte. Auf gleicher Linie liegen die Ergebnisse einer Befragung, die der Bezirksvorstand des FDGB in Rostock vorgenommen hat. Danach wissen 20 Vorsitzende von Frauenausschüssen aus Rostocker Betrieben nichts über die Rationalisierungsvorhaben ihrer Betriebe. Einen ähnlichen Schluß läßt dieses Ergebnis zu: In 10 Berliner Betrieben wurden 79,3 % der befragten Frauen nicht in die Ausarbeitung der Rationalisierungsprogramme einbezogen.

Versuchen wir die Sache auf einen Nenner zu bringen, dann heißt das: Gleiche materielle Bedingungen für die Entwicklung aller Fähigkeiten und Talente der Frauen können wir nicht überall schaffen, unsere Möglichkeiten reichen einfach noch nicht aus; aber den Frauen gleiche ideologische Bedingungen zu gewährleisten, das ist möglich, das ist nicht an Baukapazität, an Krippenplätze und Dienstleistungen gebunden. Außerdem müssen wir natürlich die Dialektik dieses Prozesses beachten und erkennen, daß das Klären ideologischer Probleme direkt hilft, auch weitere materielle Bedingungen zu schaffen. Die Marxsche Wahrheit, daß die Idee zur materiellen Gewalt wird, wenn sie die Massen ergreift, trifft doch auch auf die Durchsetzung der neuen Rolle der Frau im Sozialismus zu.

Selbstverständlich gibt es auch im Denken mancher Frauen noch Rudimente der Vergangenheit. Hier sehen wir die Hauptaufgabe in der Festigung des Selbstbewußtseins der Frauen. Das steht unmittelbar im Zusammenhang mit der Erweiterung ihrer Kenntnisse auf politischem und fachlichem Gebiet.

Die Wissenschaftler können zur Hebung des Selbstbewußtseins der Frauen manchen wirkungsvollen Beitrag leisten, wenn sie z. B. den Nachweis antreten würden, daß die Frauen zu gleichen geistigen Leistungen fähig sind wie die Männer. Es ist eine recht weit verbreitete Ansicht, daß Frauen nicht über die gleichen geistigen Fähigkeiten verfügten wie die Männer, weil z. B. die Anzahl der von Frauen gemachten Erfindungen geringer sei. Das ist doch kein ernst zu nehmendes Argument. Wenn die Masse der Frauen über Jahrhunderte von Wissenschaft, Technik und Produktion getrennt war, muß die Anzahl der Erfindungen geringer sein. Allerdings würde es lohnen zusammenzutragen, was von Frauen auf diesem Gebiet dennoch, besonders in jüngster Zeit, tatsächlich geleistet wurde.

Dieser Mühe hat sich August Bebel schon vor 80 Jahren unterzogen. Sollte es uns unter den neuen gesellschaftlichen Bedingungen nicht leichter fallen, den schlüssigen Beweis für die Unsinnigkeit der Auffassung anzutreten, nach der die Frau nicht so begabt wäre wie der Mann?

Würde es sich nicht lohnen, auch soziologisch zu erforschen, wie die historisch gewachsenen Begabungen und besonderen Fähigkeiten der Frauen besser für ihre Vorbereitung auf Leitungsfunktionen genutzt werden können? Das betrifft nicht nur ihr Organisationstalent, ihre Ordnungsliebe und Sparsamkeit. Das gilt wahrscheinlich auch für das mit der Funktion der Mutter verbundene Einfühlungsvermögen, das Einstellen auf den anderen Menschen und dessen Erziehung. Beim näheren Untersuchen könnte sich erweisen, daß diese Eigenschaften, richtig gefördert, durchaus ein gutes Äquivalent zum mitunter noch sehr sachbezogenen Leitungsstil mancher männlicher Kollegen sein könnte. Prof. Dr. Kraatz sagte völlig zu Recht, daß man Gleichberechtigung nicht mit Gleichheit verwechseln darf.

Abschließend möchte ich hervorheben: Es geht uns nicht darum, die problembezogene Forschung in den gesellschaftswissenschaftlichen, naturwissenschaftlichen und technischen Disziplinen schlechthin durch Ideologie zu ersetzen. Was wir für notwendig halten, das ist eine von den ideologischen Grundforderungen des Marxismus-Leninismus ausgehende und von ihnen durchdrungene wissenschaftliche Arbeit auf wenigen Hauptlinien des Komplexes Frau und sozialistische Gesellschaft. Dazu bedarf es der konzentrierten Planung, der engen Gemeinschaftsarbeit und der Verständigung über Ausgangspunkte und Zielfunktion der Forschung. In diesem Sinne unterstütze ich auch die Ausführungen von Dr. Winde.

ANMERKUNG

1 A. Bebel, Die Frau und der Sozialismus, Berlin 1953, S. 307.

AUTORENVERZEICHNIS

Götze, Horst, Dr., Abteilung Methodik des Sportunterrichts der Friedrich-Schiller-Universität Jena

Grandke, Anita, Prof. Dr. habil., Forschungsgruppe "Die Frau in der sozialistischen Gesellschaft" bei der Deutschen Akademie der Wissenschaften zu Berlin

Habrecht, Rudolf, Dr., Wissenschaftlicher Rat des Ministeriums für Volksbildung, Berlin

Hartke, Werner, Prof. Dr. habil., Deutsche Akademie der Wissenschaften zu Berlin

Herrmann, Irma, Dipl oec., VEB Quintett-Moden, Glauchau

Hieblinger, Inge, Dr. habil., Institut für Staats- und Rechtstheorie der Martin-Luther-Universität Halle

Kallabis, Heinz, Dr., Hochschule der Deutschen Gewerkschaften "Fritz Heckert", Bernau

Karg, Erwin, Dipl. oec., Abteilung wissenschaftliche Wirtschaftsführung im Ministerium für Bezirksgeleitete Industrie und Lebensmittelindustrie, Berlin

Keck, Alfred, Dr. habil., Abteilung Planung des Lebensstandards bei der Staatlichen Plankommission, Berlin

Knauer, Arnold, Dr. habil., Deutsches Institut für Berufsbildung, Berlin

Köppert, Willi, Dr., Institut für Marktforschung, Leipzig

Kraatz, Helmut, Prof. Dr. habil., Frauenklinik des Universitätsklinikums (Charité) der Humboldt-Universität zu Berlin

Krüger, Ursula, Dr., Abteilung Arbeitsökonomie des Deutschen Zentralinstituts für Arbeitsmedizin, Berlin

Kuhrig, Herta, Dr., Forschungsgruppe "Die Frau in der sozialistischen Gesellschaft" bei der Deutschen Akademie der Wissenschaften zu Berlin

Lange, Inge, Dipl.-Gesellschaftswissenschaftler, Arbeitsgruppe Frauen beim ZK der SED, Berlin

Lange, Siegfried, Dr., Institut für Pädagogik der Universität Rostock

Michaelis, Rolf, Chem.-Ing., VVB Pharmazeutische Industrie, Berlin

Mielke, Manfred, Dipl. oec., Hochschule der Deutschen Gewerkschaften "Fritz Heckert", Bernau

Müller, Joachim, Dr., Pädagogisches Institut, Leipzig

Otto, Karlheinz, Dr., Institut für Psychologie der Universität Rostock

Reichel, Gerhard, Dr., Deutsche Akademie der Landwirtschaftswissenschaften zu Berlin

Sälzler, Anneliese, Prof. Dr. habil., Institut für Sozialhygiene der Medizinischen Akademie Magdeburg

Schneider, Gerold, Dipl.-Gewerbelehrer, Deutsches Pädagogisches Zentralinstitut, Berlin

Schnelle, Gertraude, Dr., Institut für Marxismus-Leninismus der Karl-Marx-Universität Leipzig

Taubert, Horst, Dr., Wissenschaftlicher Rat für soziologische Forschung in der DDR, Berlin

Ulbricht, Helga, Dr. habil., Institut für Arbeitsökonomik der Karl-Marx-Universität Leipzig

Winde, Bertram, Dr., Abteilung Wissenschaft und Technik bei der Staatlichen Plankommission, Berlin

Winkler, Gerhard, Prof. Dr. habil., Institut für Agrarökonomik der Karl-Marx-Universität Leipzig

Winter, Kurt, Prof. Dr. habil., Hygiene-Institut der Humboldt-Universität zu Berlin

Wrochno, Krystyna, Polnische Akademie der Wissenschaften, Warschau

Zimmer, Erhard, Ing., Abteilung Kader und Qualifizierung im Ministerium für Elektrotechnik und Elektronik, Berlin

Bei Fragen zur Produktsicherheit wenden Sie sich bitte an:
If you have any questions regarding product safety,
please contact:

Walter de Gruyter GmbH
Genthiner Straße 13
10785 Berlin
productsafety@degruyterbrill.com